UnRead
—
探索家

# 登月使命

*Rod Pyle*

AR 实境体验

人类首次登月

全过程

人类首次登月50周年
**50**
AR
实境互动版

MISSIONS TO THE MOON

［美］罗德·派尔 —————— 著

马晓耘 张梦 —————— 译

北京联合出版公司
Beijing United Publishing Co.,Ltd.

右图：查尔斯·杜克（Charles Duke）、
月球车和撞击坑。

# 目录

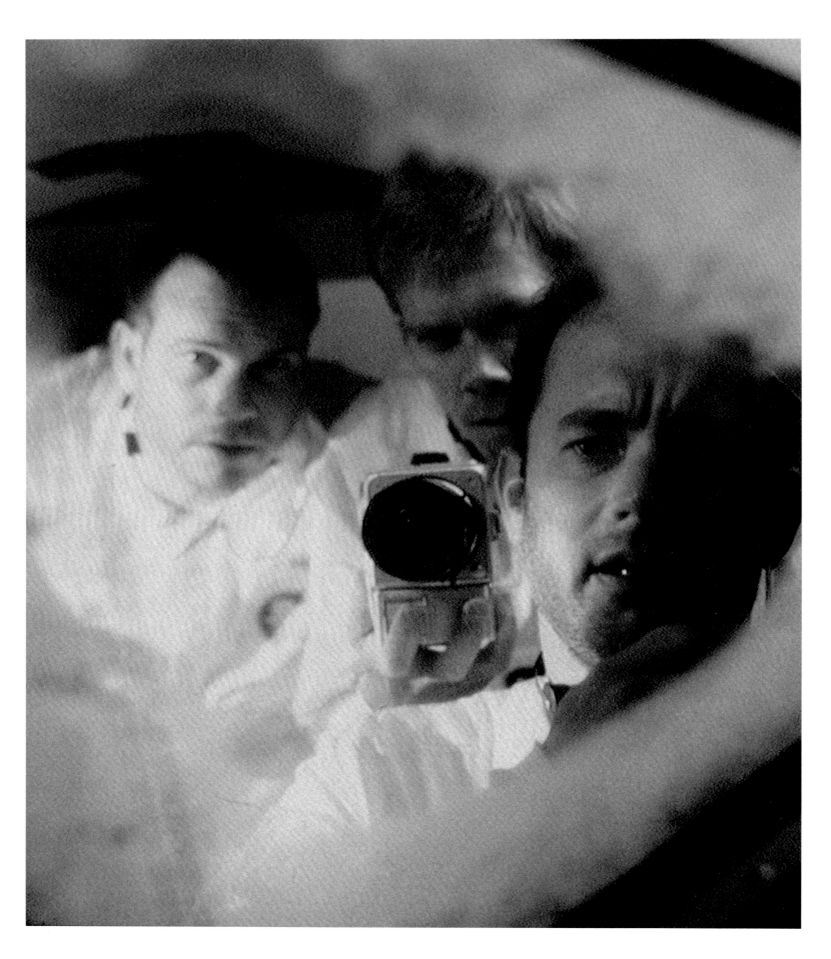

4

# 序

电影《阿波罗 13 号》（*Apollo 13*）深刻影响了全世界，让人们意识到了美国月球探索遇到的挑战和风险。

---

年轻的任务控制团队使用着原始的技术，以"决不言败"的信条多次在关键的瞬间做出决策，应对每一次任务挑战。发生在任务控制团队身上的是一个关于领导力、信任、共同价值观和团队合作的故事。成员们拼尽全力，在航天时代的最初十年中，让每一位宇航员都平安地回到了家。

阿波罗计划和人类探索月球的故事不止于此，更多令人难以置信的故事将在本书中一一呈现出来。

我的航天生涯开始于 20 世纪 60 年代的水星计划，当时我在第一任飞控主任克里斯·克拉夫特（Chris Kraft）博士的指导下工作。不久，我在双子座计划和阿波罗计划中接替了他，担任相同的职位。我们在太空取得的成功大部分应归功于任务控制中心的专业团队，归功于那些和我一起工作的年轻工程师和技术人员。

水星计划、双子座计划和阿波罗计划的工作人员和其他人不同，我们像家人一样。每个项目都要求我们做到最好，只有共同努力才能实现目标——到达月球。

数不清的图书、电视专题片和博物馆展览记录了人们为登月所做出的努力，但没有什么能够比拟直接阅读那个将梦想变成现实的时代所留下的原始资料。本书对这些原始资料的复现，将会帮助读者了解它们。在这里，读者可以看到沃纳·冯·布劳恩（Wernher von Braun）博士的早期文件、登月过程中那些关键决定的备忘录、我摘录的阿波罗 13 号飞控主任日志，等等。这些具有重要历史意义的资料，将带领读者以业内视角重新游历人类首次进入太空的最重要旅程。

我们探索太空的事业没有完结，我希望新一代探险者能继承前辈的领导力、精神和勇气，大胆前进，完成我们这一代航空人未能开启的事业。

这本书正是朝这个方向迈出的富有意义的一步。

基恩·克兰茨（Gene Kranz）
美国国家航空航天局（NASA）飞控主任，1962—1974 年在职

**对页图：** 在这张电影剧照中，阿波罗 13 号的宇航员们在他们的太空"救生艇"——水瓶座号（Aquarius）登月舱上勘测寒冷荒芜的月面。

**从左至右：** 比尔·帕克斯顿（Bill Paxton）饰演弗雷德·海斯（Fred Haise）、凯文·贝肯（Kevin Bacon）饰演杰克·斯威格特（Jack Swigert）、汤姆·汉克斯（Tom Hanks）饰演吉姆·洛弗尔（Jim Lovell）。

# 引 言

从 1968 年到 1972 年，美国六次将小型航天器发往月球。

六次成功的登陆，每一次的成功都建立在前一次的基础上。这是一个了不起的时代，被视为太空探索的黄金时代。

与此同时，其他国家所做出的努力也让他们触到了我们最近的邻居[1]。值得注意的是，苏联人花费了大量的卢布和精力，尝试在登月这件事上击败美国，而且他们差一点儿就做到了（本书后文将详述）。

日本、印度、中国和其他国家也已经发射或者计划发射月球无人探测器。其中，中国正雄心勃勃地向载人登月发起冲击。时隔 50 年后，在美国重返月球的时候，中国航天员很可能也会实现月球漫步。即便如此，我们仍然在超越我们自己。

本书聚焦于月球探索任务的历史。这些开拓性的航天任务留下了大量令人着迷的材料。其中最容易获得的是来自美国国家航空航天局（NASA）的材料，而获取苏联的材料相对比较困难。在这些档案中，我们可以找到一个个带有英雄主义色彩的、令人叹为观止的奋斗故事——粗心大意的观察者是看不到这些故事的。

这些资料可能是你所期待的：占满了约 1.6 千米宽的书架的内部备忘录、飞行简报和规划研究报告。太空探索历史的瑰宝就埋藏在这些档案里。

一些寻常和不那么寻常的例子在这本书中都能找到。阿波罗 11 号有一份任务报告即使今天读起来也非常有趣，根据它的记录，人们曾经试图将水星计划更名为宇航员计划。这类趣闻都隐藏在那些沉睡多年、已然褪色的备忘录当中。

档案中还包括报道苏联胜利的报纸、阿波罗 11 号的下降地图，以及阿波罗 13 号危机中飞控主任日志的手写原始稿，上面有基恩·克兰茨和其他人的笔迹。仔细研究这些材料成了一种乐趣，令人兴奋。除了真正进入太空，阅读这些档案也许是体验太空探索所带来的刺激的最好方式。这有点像《夺宝奇兵》（*Raiders of the Lost Ark*）中进入最后一个场景——你永远不知道在仓库里会发现些什么。

如果你有机会参观美国国家航空航天博物馆（National Air and Space Museum）、堪萨斯宇宙空间（Kansas Cosmosphere）、肯尼迪航天中心（Kennedy Space Center）、约翰逊航天中心（Johnson Space Center），或者世界范围内任何一家关于航天的博物馆，请你珍惜这样的机会。没有什么能比直接看到这些技术给你更真实的感觉，你可以从中看到人类最伟大探索的最深刻意义。希望本书和它所包含的众多独特内容能加深你对宇宙探索的理解，点燃探索宇宙的热情。因为，正如阿波罗 15 号的指令长大卫·斯科特（Dave Scott）所说："人类必须探索。"

**对页图：** 星条旗矗立在月球上。这时，探险家已经能把旗杆插得更深，它不会像阿波罗 11 号那样在登月舱起飞时倒下。这是一个庄严的时刻，皮特·康拉德（Pete Conrad）正在展开美国国旗。月球上没有空气让旗子迎风飘扬，所以需要一根贯穿旗子顶部的金属丝将它提起。

---

[1] 即月球。——译者注

# 如何使用本书

## 登月使命

### 由 AR（增强现实）呈现

---

**1. 下载**

请通过苹果商店（www.apple.com/itunes）或未读 Club（关注公众号并在后台回复"登月使命"）
下载免费的《登月使命》（*Missions to the Moon*）App，
并在你的智能设备上打开它。

---

**2. 扫描具有以下交互图标的页面**

| AR 视频 | AR 音频 | AR 文档 | AR 模型 |
|---|---|---|---|

| 这些图标将打开、激活 NASA 档案中的视频，让你亲眼见证历史。 | 这些图标将打开、激活音频片段，用当事人的声音来告诉你那段历史。 | 这些图标将打开与月球探索相关的重要文献。你可以在你的智能手机或者平板电脑上翻阅它们。 | 这些图标将打开360 度渲染的飞船模型。你可以在你的设备上旋转查看它们。 |

Digital Magic® 提供支持

第 1 章

C H A P T E R

O N E

人 类 和 月 球

人类没有一个时代不仰望月球，人们对它充满了好奇。有时，人们甚至想去深入地了解它的本质。在很多文化当中，月球非常重要，它远不仅仅是一个令人好奇的对象。

毕竟，从它所围绕着运行的行星上看，月球是太阳系中已知的最大卫星。另外，它的公转轨道直径还不到 80 万千米，因此，除了新月那段时间，月球总是主导着我们眼中的夜空。它的模样影响了诗人、占星家、历法制定者、牧师，甚至军阀。它的形象深植在我们的思想中，照亮我们的夜晚，在我们的梦中游荡。月亮是夜晚人类心灵的明灯。

有大量的神话、民间传说和传奇故事围绕月亮出现。早期记录可以追溯到古苏美尔，在那里，月亮被称为南纳（Nanna）或南玛（Nammar），主管测量和历法。而古埃及人则视月亮为一位名叫托特（Thoth）的神，意为"拉（Ra）[1]的思想和舌头"。月亮有时也被称为奥西里斯神（Osiris），掌管生命、死亡和繁育。

古希腊人称月亮为塞勒涅（Selene），也就是夜之女神。她是太阳神赫利俄斯（Helios）和黎明女神厄俄斯（Eos）的妹妹。在昼夜循环中，塞勒涅是夜晚的中心。后来，塞勒涅与自然女神阿尔忒弥斯（Artemis）相识。在罗马时代，人们又将月亮和女神露娜（Luna）以及后来的女神狄安娜（Diana）联系在了一起。

其他文化对月亮有着各不相同的解释。例如，古中国人想象月亮上有一只兔子，陪伴着女神嫦娥，这只兔子不断地为嫦娥捣制长生不老药。17 世纪初，著名的天文学家约翰内斯·开普勒（Johannes Kepler）的著作《梦》（Somnium）中描写了一个年轻人的月球之旅，直到这时，去月球旅行的想法才显示出几分可行之处。

1865 年，法国作家儒勒·凡尔纳（Jules Verne）发表《从地球到月球》（De la Terre à la Lune），这象征着相当大的一步。在这个故事中，三个白手起家的商人坐着一枚叫作哥伦比亚（Columbiad）的巨大炮弹飞向月球，踏上了充满未知的旅途。

俄国教师康斯坦丁·齐奥尔科夫斯基（Konstantin Tsiolkovsky）是最早一批对真正的月球旅行进行严肃探究和记录的人之一。他在 1883 年出版的《自由空间》（Free Space）中探讨了化学燃料火箭在太空旅行中的应用。他还进一步讨论了适于携带的气体、多级火箭和先进低温燃料的必要性。和其他工作一道，他的工作鼓舞了苏联和西方的太空先驱。

继这些大师之后，赫伯特·乔治·威尔斯（H. G. Wells）在 1901 年出版了《最先登上月球的人》（The First Men in the Moon）。威尔斯缺乏凡尔纳的科学严谨性，但是他更富有想象力。在威尔斯笔下，一个

**图：**古罗马的月亮女神露娜，她是希腊最古老的神塞勒涅的后裔。女神头顶之上正是一弯新月。

[1] 埃及神话中的太阳神。——译者注

## 月亮上的蝙蝠人

1835年，《纽约太阳报》（New York Sun）发表了一篇文章，标题是：

**皇家天文学会会员约翰·赫歇尔爵士（John Herschel）最新天文大发现**

**发自好望角**

这篇文章详细描述了当时著名的天文学家约翰·赫歇尔如何在月球上发现生命。赫歇尔发现的生物有月水牛、活沙滩球、蓝独角兽、有智力的两足河狸以及（也许最吸引人的）蝙蝠人。这篇文章是剑桥大学毕业生理查德·亚当斯·洛克（Richard Adams Locke）导演的一场骗局，人们认为这个骗局让该报发行量大增，但这家报纸从未正式承认过造假。

**右图：** 在1835年《纽约太阳报》上演的这场闹剧中，月亮上到处都是带翅膀的蝙蝠男（和蝙蝠女）以及其他奇异的生物。在发表前，并没人问过著名天文学家赫歇尔本人的意见，而且他丝毫不觉得这件事情有趣。

> 圆润少女，白焰充盈，凡间叫它月亮
>
> ——珀西·比希·雪莱（Percy Bysshe Shelley），
> 《云》（The Cloud）

## 法兰西的月亮

**上图：** 乔治·梅里爱（Georges Méliès）导演的电影《月球旅行记》（Le Voyage Dans la Lune）的剧照。

**下图：** 年轻时的儒勒·凡尔纳。他是公认的现代科幻之父，他的作品中充满对科学技术的无限热爱。

1902 年，电影事业刚刚起步时，一位名叫乔治·梅里爱的法国人创作了一部名为《月球旅行记》的电影。这是一部杰出的作品。它在一个由平面和滑轮组成的布景中创作出来，这类似于小歌剧中使用的系统。该片出现了会爆炸的月球生物，还有许多特效，在当时令人印象深刻。该片从凡尔纳和威尔斯的作品中汲取了大量灵感，在开头的几个场景中采用了凡尔纳小说中炮弹飞船的创意。

涂上了反重力涂层的铁球带着一个古怪的发明家和他不中用的合伙人来到月球。在那里，他们遇到了个头庞大且行动迟缓的月牛、危险的植物，以及一种高级人形昆虫——塞利尼人（Selenites）。合伙人自己返回了地球，发明家则留下来，给塞利尼人讲解人类本性中邪恶的一面。

《从地球到月球》和《最先登上月球的人》都描绘了维多利亚时代的人对太空旅行的畅想，还有造访地球近邻星球的生动图景。这诱人的愿景在齐奥尔科夫斯基的论述中得到了科学支持。然而，我们仍然要等到 20 世纪 30 年代，一位富有魅力的德国贵族青年与其他一些人一同接受了这个想法，这时才有人开始为火箭的实现奠定基础。火箭最终将推动人类登上月球。

**对页左图：** 祝你好运！ 1865 年，凡尔纳在《从地球到月球》中描写了登月之旅的出发日。

**对页右图：** 远走高飞——凡尔纳的哥伦比亚月球飞船从一座 274 米长的巨炮中发射出去，飞向太空。

**上方左图：** 1865 年出版的《从地球到月球》主张通过宇宙飞船飞向其他星球，尽管凡尔纳笔下的飞船是从炮口发射出去的，但这已经打开了一个崭新领域的大门。

第 2 章

C H A P T E R

T W O

复仇者起飞

1912年3月，第一次世界大战的阴云笼罩欧洲，沃纳·马格努斯·马克西米利安·冯·布劳恩帝国男爵在当时属于德意志帝国的维尔西茨（Wirsitz）[1] 出生。他的父亲是一位政府公职人员，母亲则来自一个可上溯至中世纪的德意志贵族家族。

---

　　少年时代，冯·布劳恩就开始用他的小望远镜观察月球和行星。1932年，他成为一名工程师。他也是德国火箭事业先驱赫尔曼·奥伯特（Hermann Oberth）的狂热读者。冯·布劳恩喜爱的奥伯特著作包括《飞向星际空间的火箭》（Die Rakete zu den Planetenräumen）。冯·布劳恩拥有自然科学专业的教育背景，而且他还有非常丰富的想象力，这两方面日后在他的事业中都起到了重要作用。

　　奥伯特和其他梦想家对他产生了重大影响，冯·布劳恩的热情在阿道夫·希特勒的纳粹战争机器中得到了宣泄。冯·布劳恩的贵族血统以及他的博士论文（《液体推进剂火箭问题的构建、理论和试验性方案》，Construction, Theoretical and Experimental Solutions to the Problem of the Liquid Propellant Rocket）使他顺利参与了德国不断加强的战争准备。

　　1937年，冯·布劳恩正式加入纳粹党，在德国佩内明德（Peenemünde）参与火箭推进武器制造工作。美国政府和德国政府都从未披露过他加入纳粹党是出于自愿还是被迫，但冯·布劳恩本人曾说过下面这些话：

　　"我被当局要求加入国家社会主义党（National Socialist Party，即纳粹党）。当时（1937年）我已经是佩内明德军事火箭中心的技术主管。……拒绝入党就意味着我要放弃我毕生的事业。于是我决定加入。我的党员身份并不涉及任何政治活动……1940年春季，一位名为穆勒（Müller）的党卫队旗队领袖（SS-Standartenführer，相当于上校）……在我佩内明德的办公室见了我，并转达了党卫队全国领袖海因里希·希姆莱（Heinrich Himmler）的命令，敦促我加入党卫队。我立即致电我的军事主管……W. 多恩伯格少将（Major-General W. Dornberger）。他告诉我……如果想要继续我们共同的事业，那么我除了加入之外别无选择……"[2]

下图：1930年的冯·布劳恩（右2），那时他还是一个火箭爱好者。他很快放弃了从传统烟花发展而来的固体火箭装置，转向更加复杂，且更强大、更可控的液体推进剂火箭。

[1] 今属波兰，称维日斯克（Wyrzysk）。冯·布劳恩出生时就有男爵（Freiherr）爵位。——译者注
[2] 出自迈克尔·内费尔德（Michael Neufeld）所著《冯·布劳恩：太空的梦想者，战争的工程师》（2007）。

## 目标曼哈顿

希特勒曾经幻想用他的神奇武器轰炸美国的核心地区，20世纪30年代早期，一个叫欧根·桑格（Eugen Sänger）的德国学生设计了一款他认为可以完成这一任务的"火箭滑翔机"（或者叫"跳跃轰炸机"）。该计划被称作"银鸟"（Silverbird），设计从长3.2千米的铁轨上发射。携带1816千克炸药的"银鸟"发射后会以其自身携带的火箭发动机为动力，上升至144.8千米的高度，随后下降，在其下密度较高的大气层上"跳跃"直至到达目标。这一计划理论上很有趣，但不可行，从未走出过风洞实验。

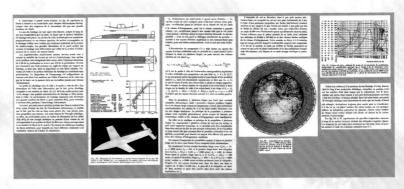

**上图：** 法国1948年的一篇文章。虽然在纸面上很惊人，但"银鸟"跳跃轰炸机无法解决设计速度下与大气层摩擦生热的问题。

在佩内明德的先进研究中心，冯·布劳恩制造、测试并发射了针对盟军目标的所谓的"复仇武器"。复仇武器1号（Vengeance 1）也被称为"V-1"，是由脉冲喷气发动机推进的飞航式火箭/导弹。这种发动机没有阀门，飞行全程只需要持续的燃料供给。英国人口中的这种"嗡嗡炸弹"（buzz bomb，俗称"doodlebug"）很快就成了只能对英国皇家空军构成骚扰的东西，但是它的确为后续那些令人震惊的武器树立了标杆。

他的下一个（也是最著名的）成果是V-2火箭。V-2和V-1只是共用了同一个字母前缀，前者是世界上第一种弹道导弹。1944年9月7日首次发射的V-2火箭绝对是一种令人惊骇的武器，它能够搭载破坏性极强的爆炸物，并以超声速从高空袭击目标。

V-2火箭高13.8米，最宽处约1.8米，可搭载大约997千克载荷。其发动机由乙醇和液氧驱动，可以产生约26吨推力，飞行距离可达320千米。以当时的标准来看，V-2的导航系统是高精度陀螺仪，在触地时精度为几千米。这些在今天看来毫不起眼的指标，与当时仍需手动瞄准的空投炸弹相比，可谓十分先进。

据说，在听到导弹成功发射至伦敦的消息后，冯·布劳恩说："火箭工作可谓完美，只是它降落在了错误的行星上……"（见NASA历史网站，http://sse.jpl.nasa.gov/）他承认，在听到袭击消息之后，他深深地为之沮丧。整个第二次世界大战期间，他还将有大约3200次机会陷入这种懊悔的感觉。

在V-2首次发射后不久，盟军就猛烈地轰炸了佩内明德，冯·布劳恩的整个团队搬迁到了德国北部的哈茨山脉（Harz Mountains）中。在深入山体几千米的坑道中，数以万计的犹太人、波兰人和帝国的其他囚犯，以生命为代价制造着希特勒的战争火箭。

继承了V-2火箭技术遗产的包括首次将美国人送入太空的红石式运载火箭（Redstone），还有其他早期土星系列火箭以及土星5号（Saturn V）的其他"前辈"。然而，在战争中V-2还有一份不光彩的遗产——V-2轰炸造成了大约7300人死亡，还有20000名德国奴工在制造它的过程中死去。对于如此完美的机器而言，这是耻辱，但技术是不会在道德真空中前进的。

德国战败逐渐迫近，冯·布劳恩和他的同事们意识到他们受到了重点关注——苏联人和美国人都需要他们的火箭专业技术，而希特勒则希望他们死去，以免敌人获得他们的知识。在一番教科书式的暗度陈仓之后，冯·布劳恩安排他自己和团队中的120名同事向美国人投降。尽管只有间接的影响，但从那一天开始，阿波罗计划的命运已经注定。

对页下图：德国，1944 年，一枚德国 V-2 火箭在准备测试。使用黑白色涂装是为了便于观察，在实际作战中会换装迷彩涂装。

左图：在冯·布劳恩的督导下，一枚 V-2 火箭从佩内明德发射。这枚由液氧和乙醇推动的火箭射程可达 322 千米，并携带有巨大的爆炸性战斗部。

上图：冯·布劳恩的 V-2 火箭的弹头正从储存掩体中拉出。请注意尾翼上的迷彩包装。

## 复仇武器 1 号（V-1）

作为 V-2 的"前辈"，V-1 飞行炸弹可以说是来自空中的一种新式威胁。这种早期的巡航导弹从德国发射，使用上倾的轨道，飞向比利时和英国的目标。这种飞行器使用可以自持的脉冲喷气式发动机提供动力，其中燃料的燃烧是脉冲式的。不过这种"嗡嗡炸弹"又吵又慢，英国人想出了对策，大部分 V-1 飞行炸弹可以在抵达目标前被击毁。此后，V-2 计划得到了优先发展。

左图：推进中的 V-1。在抵达目标很久之前发动机就会关闭，导弹会滑翔到目的地，在触地后爆炸。

# 调查备忘录

美国政府中有些人士对于冯·布劳恩的背景有所顾虑，传言主要关乎他的纳粹党员和党卫队成员的身份。下图是 1948 年 11 月的一份备忘录，列出了当时在进行中的调查的部分结论。

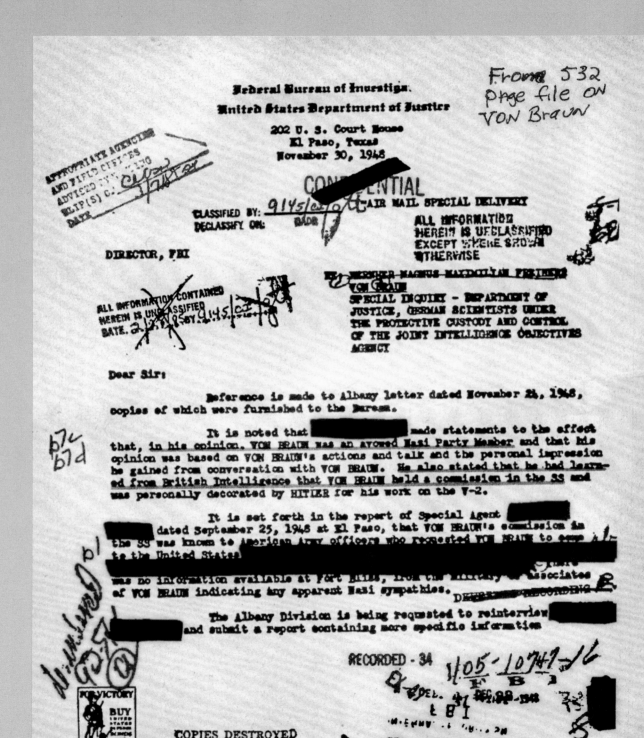

## 太空站草图

在考虑了包括巨型自转轮在内的若干种设计之后，冯·布劳恩在 1964 年绘制了一个简单太空站的设计草图。这种小型在轨工作站设计使用的是当时能够制造的土星号火箭硬件，但它从未走出过图纸。使用类似设计的天空实验室计划（Project Skylab）在 20 世纪 70 年代早期得以实现。

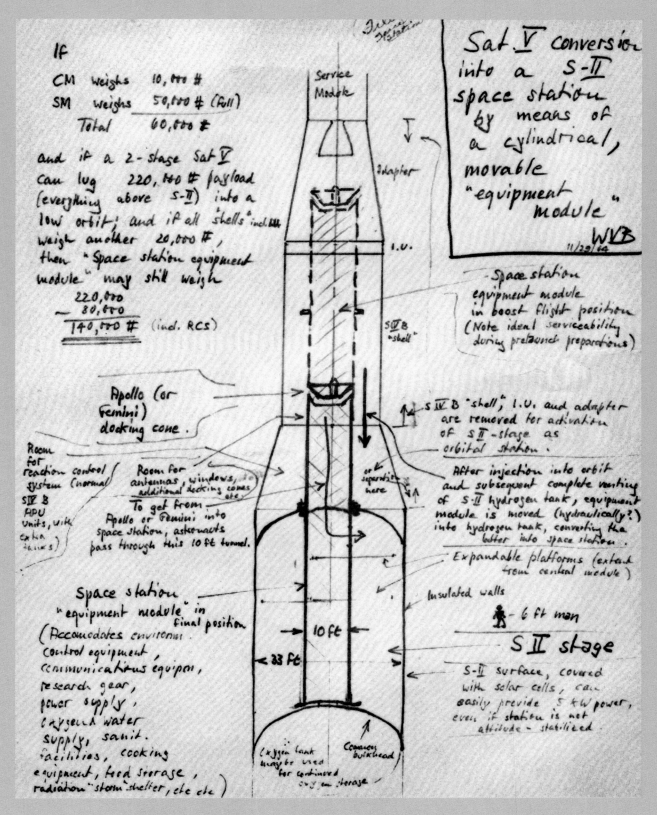

第3章

CHAPTER

THREE

安眠于红月之下

1957 年，英国首相安东尼·艾登（Anthony Eden）辞职，美国总统派出军队在阿肯色州小石城执行种族隔离解除行动，美国和苏联都成功试射了洲际弹道导弹。

这一年，世界风云变幻，但毫无疑问，斯普特尼克 1 号[1] 的影响最为深远。

这颗卫星的成功发射使苏联顺利获得了技术上的领先，将美国再三推迟的先锋卫星（Vanguard）计划甩在身后。美国大众怒不可遏，西方世界向美国投去怀疑的目光。时任参议员的美国前总统林登·B. 约翰逊（Lyndon B. Johnson）表达了不满："控制太空就意味着控制世界！"

美国在不断努力。海军的先锋计划试图将一颗西瓜大小的卫星孤独地送入太空。

延误和失败困扰着整个项目，美国的太空事业在 1957 年 12 月 6 日的一次发射尝试中遇到了最糟糕的时刻，这次发射还进行了大范围的电

## 莱卡（Laika）

1957 年 11 月 3 日，斯普特尼克 2 号发射。其中搭载了一只 3 岁大的体重 5 千克的小狗莱卡，它曾经是莫斯科街头的一只流浪狗。苏联航天事业的总设计师科罗廖夫非常喜欢这只小狗，他为它的逝去感到十分悲伤。这次发射之后仅几个小时，莱卡就死于温度控制系统失灵，它并没有撑到计划中的第 10 天。原计划是使用一种温和的毒药让它安乐死。斯普特尼克 2 号在 5 个月之后再入大气层，带着它的乘客一起化作流星，消失在大气中。

上图：温度控制系统在发射后不久失灵，小狗莱卡仅存活了大约 6 个小时。它早逝的消息被保密了几十年。图中英文意为：斯普特尼克 2 号上的狗。

上图：先锋号令人遗憾的失败。1957 年 12 月 6 日，先锋号飞起几十厘米后，在一群媒体记者面前爆炸了。"烂卫星！"充斥头条。先锋号最终于 1958 年 3 月 17 日成功发射，比冯·布劳恩的探险者 1 号（Explorer 1）晚了一个多月。

[1] Sputnik 1，可意译为 1 号卫星。——译者注

视直播。火箭从发射平台上升了几十厘米，观众屏息以待，然而它摇摇晃晃，紧接着在一团火焰和烟雾中轰然倒塌。卫星则滚落到发射架旁几米处，停了下来，从无法控制的大火中逃过一劫。这颗卫星如今悬挂在美国国家航空航天博物馆中，作为一个勇敢的幸存者，见证着美国太空项目这段失败的过往。

与此同时，苏联成功地将斯普特尼克 2 号送入轨道。这颗总重达 498 千克的卫星搭载了一只名为莱卡（Laika）的小狗。莱卡在升空之后仅存活了几个小时，随后死于过热。抛开这一点，任务算得上大获成功。这是苏联最高领导人尼基塔·赫鲁晓夫（Nikita Khrushchev）最得意的日子。

就连美国媒体都充斥着关于美国太空计划的负面评论，全国各地的报纸都在用"Kaputnik""Stayputnik"甚至"Flopnik"[1] 之类的词语调侃先锋计划。从不会被轻易吓倒的总统德怀特·D. 艾森豪威尔（Dwight D. Eisenhower）愤怒了。

与此同时，在亚拉巴马州亨茨维尔（Huntsville, Alabama）的 NASA 火箭机构，怨气在沃纳·冯·布劳恩的团队中不断积累。很久以前，冯·布劳恩就曾提出，他希望获得许可，让他手下的工程师和美国军方使用他那经过验证的推进器进行轨道发射。这一推进器在那时就已经被用来进行高空再入试验。对于某些议员来说，让德国人——尽管当时他们已经是德裔美国人——发射世界上第一颗卫星，这实在难以接受。然而，既然苏联的共产主义者已经在这件事上超越了美国，那么也许让这些曾经为纳粹效力过的火箭专家试一试也未尝不可。在历史的那一刻，布劳恩团队被认为是两种邪恶中的较小者。

在此之前，冯·布劳恩一直致力于将德国的 V-2 火箭发展成美国的发射载具。第二次世界大战结束之后的十年里，V-2 已经发展出一系列火箭，包括发射了首次水星任务的红石式运载火箭，以及在 1958 年 1 月 31 日将探险者 1 号送入轨道的木星 -C 型火箭（Jupiter-C）。探险者 1 号是由位于加利福尼亚州帕萨迪纳（Pasadena, California）的喷气推进实验室（Jet Propulsion Laboratory）设计的，它看起来就像一个小型火箭。探险者 1 号从计划到建造只花了 84 天，虽然仅比斯普特尼克 1 号晚几个月发射，但它要先进得多。

斯普特尼克 1 号基本上就是一个在轨的宣传包，每 90 分钟通过无线电的嘀嘀声骄傲地向资本主义世界宣告自己的存在。探险者 1 号虽然只有 14 千克，却携带了可以在轨测量宇宙射线、微流星体撞击和温度的仪器。不久之后，探险者 1 号就出人意料地发现了范艾伦辐射带[2]，这也让人们开始担忧未来太空飞行中这些辐射带来的危险。

1958 年 2 月，斯普特尼克 3 号紧随其后，也带着太空射线探测器升空，但探测器在发射之后失灵了。两个超级大国都试图在每一次的成功发射中超越对方，太空竞赛正式启动。双方部署火箭的节奏白热化。在另一边，美国海军也终于在几个月以后将先锋卫星送入轨道，不过那时美国和苏联已经开始了对技术霸权的激烈争夺。

当时，双方都想先将人送入太空。因为有强大火箭带来的优势，苏联遥遥领先。他们的首席设计师谢尔盖·科罗廖夫（Sergei Korolev）将若干小火箭发动机集中在一起，获得了巨大的推力。在美国，冯·布

---

[1] 意思类似于"坏卫星""动不了的卫星""软趴趴卫星"，是用相应的词组成的缩略词。——译者注

[2] Van Allen radiation belts，围绕地球的充满高能粒子的区域。——译者注

## 快人一步的机器人

苏联不仅仅在载人航天领域领先一步。他们还把一系列又大又重的机器人探测器发射到了月球邻近区域。从 1959 年到 1976 年，这一系列探测器对太阳系邻近区域进行了首次探查。这期间的重要成果有：月球 2 号（Luna-2）成为第一个撞击月球的人造物体；月球 3 号首次发回月球背面照片；月球 9 号首次成功在月球软着陆。

劳恩和他的团队则采取了技术上更先进（也更昂贵）的改进方式。

1961 年 4 月 12 日，苏联人发射了东方 1 号（Vostok 1）运载火箭，上面的太空舱带着尤里·加加林（Yuri Gagarin）进入了轨道。在电视直播中，有着明星般外表的加加林向全世界分享了窗外天蓝色的星球美景，还有看到它时的惊喜。在这令人惊叹的时刻，苏联再次超越美国，而且远远不止一小步。1961 年 1 月，美国人刚刚将一只黑猩猩送入亚轨道飞行，还用水星号（Mercury）系统进行了其他十余次改进试验飞行。然而，苏联已经将人送入了轨道，消息在几个小时之内就传遍全球。NASA 怒火中烧，美国人无能为力地仰望太空："什么时候轮到我们？"

上图：月球 3 号探测器。从外表上看，它和西方的探测器大相径庭，苏联的探测器总是又大又重，但是它们的表现通常令人印象深刻。

对页图：探险者 1 号由红石式运载火箭的改进型号木星 -C 火箭携带发射。火箭顶部的圆柱形部分高速自转，以保证飞行器与火箭分离之后的稳定性。该系统于 1958 年 1 月 31 日成功发射。

右图：终于成功了。右起，沃纳·冯·布劳恩博士、詹姆斯·范·艾伦（James van Allen）博士、威廉·皮克林博士，他们在热情的媒体面前手举探险者 1 号全尺寸模型。也许他们会发现，手举总重 83 千克的斯普特尼克 1 号要比举起 14 千克重的探险者 1 号难一些。

第 4 章

C H A P T E R

F O U R

# 目 标 月 球

美国公众并不需要等待太久。实际上，水星计划本可以先于东方 1 号实现升空，美国的宇航员也可能先于航天第一人尤里·加加林进入太空，但是美国国家航空航天局把安全性看得更重。

---

人在失重状态下是否会失去意识？发射时的过载是否会使人昏迷？当熟悉的地球景物变成黑暗的宇宙时，人是否会因为失去方向感而遇到危险？航天医学对轨道上发生的一切都十分谨慎。

苏联的成功在很大程度上平息了这些担忧。而后，在 1961 年 5 月 5 日，终于轮到美国人进入太空了。艾伦·谢泼德（Alan Shepard）坐进红石式运载火箭顶部的自由 7 号（Freedom 7）并等待发射。他本人信心十足，然而控制中心的工作人员却始终忧心忡忡，他们将发射时间推迟了一次又一次。在座舱中苦等若干小时之后，谢泼德终于忍不住与外界通话："好吧，我比你们都要冷静……让我们点燃这根蜡烛吧！"

发射控制主任终于下定决心，美国第一艘载人飞船升空。随后，15 分钟过去，任务结束。最开始的两次水星计划飞行使用了推力较小的红石式运载火箭，它只能在短暂的亚轨道飞行中使用。所以，虽然宇航员的各项操作都是按照轨道飞行计划完成的（控制推进器、设置再入大气，甚至进行制动火箭点火），但这一切其实并没有必要。前两次飞行中的水星号太空舱不过是一枚大炮弹，它沿着弹道曲线上升、飞行，然后下降，仅此而已。

在美国首次载人飞行成功之后几周，约翰·F. 肯尼迪（John F. Kennedy）在向国会的演讲中迈出了大胆的一步。他呼吁国会迎接挑战，跟他一起把美国人带上月球。尽管开销惊人，风险巨大，但这一冒险行为仍然获得了广泛的支持，登月竞赛拉开大幕。美国想要占领制高点。

1961 年 7 月 21 日，在谢泼德的首次飞行仅两个半月之后，加斯·格里森（Gus Grissom）完成了一次类似的飞行任务。抛开太空舱还没来得及回收就沉入大西洋不论，这也是一次成功的任务。

然而，仅仅两周之后，戈尔曼·季托夫（Gherman Titov）就执行了又一次东方号飞行任务，成功入轨并飞行了一整天。到此为止，苏联的飞行器已经成功进行了总计长达一天半的太空飞行，然而美国人只在太空中待过 30 分钟。NASA 神经紧张，国会怒气冲天。

于是，1962 年 2 月 20 日，约翰·格伦（John Glenn）抓住了让他名载航天史册的机会，帮美国扳回一局，他在水星号太空舱内环绕地球飞行了三圈[1]，直到任务控制中心的传感器故障提前把他带回地面。此后，水星计划又完成了三次飞行，都使用了将约翰·格伦带入轨道的宇宙神号（Atlas）。在此之后是双子座计划，每次太空飞行都有两名宇航员。

## 鬼门关前的短途考察

阿列克谢·列昂诺夫（Alexei Leonov）在上升 2 号任务中进行了长达 12 分钟的出舱活动。他差点无法返回。列昂诺夫出舱要经过一个并不比成年人高多少的充气织物管道。出舱之后，他的压力宇航服开始膨胀。返回时，气喘吁吁的列昂诺夫发现他根本无法将笨重的宇航服塞回舱去。在惊讶过后，他给宇航服手动放了些气，最终把自己塞进舱里。这就是人类的首次出舱活动。

上图：苏联用上方这枚样式奇怪且完全不反映真实情况的邮票来祝贺最新的胜利——首次太空漫步。

上图：麦克唐纳·道格拉斯公司（McDonnell Douglas）厂房里的水星号太空舱早期型号。水星号是历史上最小、最轻的载人航天器，仅重 1360 千克。

---

[1] 然而这一任务仅持续了不到 5 个小时。——译者注

　　之后几年，太空竞赛白热化。1965 年 3 月 18 日，抢先美国双子座计划 5 天，苏联的上升 2 号（Voskhod 2）成功发射，阿列克谢·列昂诺夫成为首位在轨出舱并在太空中"行走"的宇航员。这是个十分大胆的任务。但列昂诺夫返回上升 2 号太空舱时差点丢了他的命。不过，列昂诺夫最终还是成功归来，苏联也再一次创造了纪录，成了新闻焦点。

　　1965 年 3 月 23 日，格里森和约翰·杨（John Young）进入双子座 3 号太空舱，由全新的大力神号火箭发射进入轨道。他们的主要任务是测试双子座飞船及其操控能力。任务获得了成功，也为后续的双子座飞行任务打下了基础。

　　此后，双子座计划进行了 9 次飞行，任务目标越来越复杂，要求越来越高。1965 年 6 月 3 日 [1]，艾德·怀特（Ed White）成功地进行了美国的首次太空行走，这比列昂诺夫的那次要顺利很多。双子座 5 号在不久之后发射 [2]，给未来的双子座任务设下了大约两个月一次的发射节奏。

　　1965 年 12 月，双子座 6 号和双子座 7 号在几天内先后发射升空，这使得它们能进行在轨交会对接。它们没有真正对接上，但成功地从不同轨道变轨交会，距离最近时不到一米。这一任务为登月项目打下了重要基础。

---

[1]　此次为双子座 4 号任务。——译者注

[2]　具体时间为 1965 年 8 月 21 日。——译者注

上图：美国太空飞行第一人谢泼德坐在水星号太空舱中。照片未标明日期。

# 水星计划的更名风波

1958 年，水星计划正处于规划阶段，NASA 兰利研究中心（Langley Centre）的太空任务组主任罗伯特·吉尔鲁斯（Robert Gilruth）提议变更项目名称。他不喜欢"水星计划"这个名字，吉尔鲁斯建议项目更名为"宇航员计划"。可能没人知道这一提议从何而来，但该计划的名称并未变更。

Washington, D. C.
December 12, 1958


MEMORANDUM For Dr. Silverstein

Subject:   Change of Manned Satellite Project name from
           "Project Mercury" to "Project Astronaut"


    1.    Bob Gilruth feels that "Project Astronaut" is
a far more suitable name for the Manned Satellite Project
than "Project Mercury."

    2.    If you agree, this should be brought to
Dr. Glennan's attention immediately.  Present plans call
for Dr. Glennan to refer to "Project Mercury" in his
policy speech on December 17.


                              George M. Low


Low:lgs

*Thought this might interest you*

只有双子座 8 号厄运缠身。指令长尼尔·阿姆斯特朗（Neil Armstrong）操纵该飞船成功地与一枚无人标靶火箭进行了对接，并计划使用自带发动机将二者共同抬升到较高的轨道上。然而，双子座太空舱出现了缓慢的自转，阿姆斯特朗认为问题可能来自标靶飞行器，于是将二者分离。让人意想不到的是，太空舱转得更快了，旋转速度逼近危险极限。他将判断力发挥到极致，启动了（再入大气层阶段使用的）推进器，并立刻执行再入大气层程序。在当时，这是 NASA 在太空中最接近灾难性事故的时刻。

最后一次双子座任务于 1966 年 11 月 11 日执行，飞行员是吉姆·洛弗尔和巴兹·奥尔德林（Buzz Aldrin）。这次教科书式的任务为双子座计划画下了圆满的句号。1967 年已近，NASA 和美国太空计划看起来一切顺利。是时候轮到阿波罗计划和月球任务了。

**左图:** 从太空溅落的双子座 8 号。尼尔·阿姆斯特朗和大卫·斯科特坐在太空舱内，在轨道上经历了近乎致命的旋转后，他们心中充满劫后余生的喜悦。

**对页图:** 1964 年 6 月 3 日，艾德·怀特进行了美国首次太空行走。在长达 22 分钟的时间里，他自由地飘浮着，身上仅系着一根固定绳索。在小型气体助推枪的帮助下，他做了一些简单的动作，疲倦之后再努力返回太空舱。

## 肯尼迪定下方针

艾伦·谢泼德完成首次水星任务之后，事情进展飞快。虽然仅有一次成功的载人飞行记录，但肯尼迪总统依然在 1961 年 5 月 25 日向美国国会乃至全国发出呼吁，支持美国向载人登月发起挑战——

"我认为这个国家应致力于达成这一目标，在这个十年结束之前，把一个人送上月球并把他安全地带回地球。在此期间，不会有任何其他太空项目能带给人类更深刻的印象，不会有任何其他太空项目对于长期的太空探索有更重要的意义，也没有任何太空项目，实现起来如此困难或者说昂贵。"

第 5 章

CHAPTER

FIVE

如何到达月球

水星计划和双子座计划双双获得成功。然而，NASA 的其他部门正在加班加点，试图将人类送入前所未至之境。随着阿波罗计划不断推进，他们找到了到达月球的办法。

---

　　正当（阿波罗）任务的硬件技术路径即将定稿之时，物理设计依然在接受审查。早期，冯·布劳恩希望用巨型火箭完成奔月、着陆和返回，这样不用承担太空交会的风险。在航天器还没有搭载计算机的那个年代，太空中的交会和对接看起来存在不可接受的风险。随着水星计划和双子座计划的成功以及电子计算机技术的发展，大多数人都同意使用地球轨道交会（Earth Orbit Rendezvous, EOR），让模块化的航天器在地球轨道上对接，使用多枚小型火箭完成飞往月球并返回的任务。

　　此后，一位名为约翰·霍博尔特（John Houbolt）的工程师将 NASA 的计划全盘推翻。他开始四处游说，推销月球轨道交会对接（Lunar Orbit Rendezvous, LOR）方案。该设计最早由赫尔曼·奥伯特（Hermann Oberth）于 20 世纪 20 年代提出。在 NASA 内部，很多人发声反对该方案。根据这个方案，两艘航天器会一同飞向月球，分离后一个着陆月球，另一个在月球轨道运行。两艘飞船随后再次对接，由此接回登月的宇航员，随后返航。就算是最坚定的支持者也觉得这个方案有些异想天开。

上图：阿波罗 1 号太空任务的徽章，边缘标注着宇航员的名字。

右上图：加斯·格里森、艾德·怀特和罗杰·查菲（Roger Chaffee）进入阿波罗 1 号舱体进行训练。他们身着早期阿波罗宇航服，其中的易燃材料后期都被替换掉了。

右图：阿波罗 1 号宇航员团队。左起：加斯·格里森、艾德·怀特、罗杰·查菲。罗杰是一名新人宇航员，按原计划，他的首次飞行就是阿波罗 1 号。三人均死于阿波罗地面测试事故。

对页图：土星 1B 火箭的第一级，土星 5 号火箭的先驱。该型运载火箭是一个过渡型号，用于早期阿波罗测试飞行。

下图：阿波罗 1 号太空舱焦黑的残骸。在第一批阿波罗太空舱中，舱门由螺栓固定，而且是向内开启的，地面测试中发生的火灾让宇航员承受了灾难性后果。后期的指令舱舱门改为由单一杠杆控制，向外开启。

## 双子座计划的再利用

为了在太空竞赛中打败苏联人，NASA 中的一些人在确定了月球交会对接计划之后，还考虑过用双人的双子座太空舱执行绕月甚至落月任务。这一方案可以避免在月球轨道进行交会对接，并且使用现成的、已经验证的硬件系统。然而，事后看来，该方案只能节约几十亿美元并将计划提前 6～9 个月，但会极大地增加任务的风险。阿波罗计划最终采用了正确的技术路线。

**右图：**《阿波罗计划直飞方式研究》是试图把双子座飞船送往月球的诸多方案中的一种。

霍博尔特不但没有被吓倒，还把他的方案交到了 NASA 的上级管理人员手中。经过一番仔细考量之后，由于月球轨道交会对接可以节约整体重量和燃料，这个方案获得了青睐。虽然因航天器需要在月球轨道进行交会这一点而焦虑不安，但工程师也不得不承认，交会对接在地球轨道出问题和在月球轨道出问题并没有什么很大的区别。

选定月球轨道交会对接方案之后，阿波罗计划终于脱离图纸，来到了真实的世界。阿波罗指令／服务舱交由北美航空（North American Aviation），即 1967 年后的北美罗克韦尔公司（North American Rockwell）制造。登月舱的合同项目交给了格鲁曼航空航天公司（Grumman Aerospace），波音公司（Boeing）则负责建造将上述飞行器发射升空的巨型运载火箭。

问题很快就出现了。冯·布劳恩准备用来推动土星 5 号运载火箭的巨型 F-1 火箭发动机在试验早期就出现了严重的问题。格鲁曼那边的登月舱则大大超重，北美航空的指令舱更是一团糟。

1967 年全年，美国建造登月飞船的各项尝试都陷入困难。早期的指令舱，也就是所谓的第一批，用于发射入轨、进行测试。此后，经过改良的第二批飞船才会执行登月任务。

第一批飞船遇到了不少问题，其中大多和它的内部布线有关。指令舱内的线缆总长为 24 千米，检查人员不断从中发现连接问题和火灾隐患。NASA 十分恼火，首次载人阿波罗任务的准指令长格里森甚至在飞行器舱口挂了一个柠檬以示不满。许多成员更是把这个计划视作即将到来的事故。

1967 年 1 月 27 日，在阿波罗 1 号进行的一次例行试验中，上述担忧变成了现实。阿波罗计划的首批宇航员加斯·格里森、艾德·怀特和罗杰·查菲被困在了阿波罗 1 号舱内。载着宇航员的航天器位于土星 1B（Saturn IB）运载火箭顶部，矗立于佛罗里达的发射场中，进行模拟倒计时测试。指令舱采用纯氧加压——在气压只有大约 34 千帕（约合 0.3 个大气压）的太空中，这是比较安全的，但在地表约 100 千帕的气压环境下，这些氧气极为易燃。任务在因各种问题而推迟了几个小时之后，太空舱内的一次线缆故障打出了一个小小的火花。

## 关于月球轨道交会的共识

土星和新星
运载火箭对比

航天器

5.588 米直径

82.296 米

10.058 米直径

航天器

5.588 米直径

38.100 米

6.528 米直径

C-1（土星 1 号）

C-5（土星 5 号）

航天器

6.706 米直径

85.344 米

12.192 米直径

15.240 米直径

新星

在选择飞往月球的技术方案时，位于亚拉巴马州亨茨维尔的载人航天飞行中心（Manned Space Flight Centre），也就是冯·布劳恩工程师团队的所在地，被普遍视作地球轨道交会方案的最后堡垒。人们猜测支持月球轨道交会的人和支持地球轨道交会的人之间会发生对峙，但令人惊讶的是，从载人航天飞行中心的工程师到冯·布劳恩本人都认可月球轨道交会方案。要知道，冯·布劳恩可是最先提出名为新星（Nova）的巨型火箭方案的人。这枚火箭原本要用于在不对接的情况下完成落月任务。在此之后，正如我们现今所知的那样，阿波罗计划被顺利放行。

**左图：** 各种登月运载火箭设计的对比，以土星 1 号为比例尺。左起：土星 1 号、土星 5 号、新星运载火箭。

任务控制中心的监视器屏幕顿时一片闪光。声控语音传输系统传来简短的呼喊："火！""我们这里着火了！"发射台上的技术人员冲向太空舱，试图打开舱门，但没有成功：螺栓紧紧固定着舱门，打开需要好几分钟。飞控人员只能眼睁睁地看着指令舱在大火中炸开，救援人员被逼退，他们一筹莫展。整整 5 分钟都花在了打开舱门上，留给救援人员的只剩下触目惊心的场景。

在进行事故调查以确定问题所在和责任归属的同时，阿波罗计划也宣告暂停。毫无疑问，北美航空在关乎指令 / 服务舱的工作中出现了质量问题。议会中有一些议员甚至扬言要取消掉整个计划。沃尔特·蒙代尔（Walter Mondale）是其中最著名的一位。但 NASA 非常明智地起用了前双子座计划宇航员弗兰克·博尔曼（Frank Borman），让他代表 NASA 展开调查。他一贯雷厉风行的作风很大程度上拯救了阿波罗计划。第一批阿波罗太空舱整体升级为第二批，在修正了无数缺陷之后，阿波罗计划终于被放行。

在带走三个生命之后，阿波罗计划踏上了前往月球的旅途。

后来担任 NASA 太空任务组主任的罗伯特·吉尔鲁斯有一份关于阿波罗计划的备忘录。其中列出了确定月球轨道交会方案之后的一些初步决策，包括航天器方面的考虑、可预见的困难，以及计划好的操作节点。当时是 1962 年，双子座计划依然被称为水星二代计划。

*Apollo Dec 6 or 7 am.*
*Ca 1962*
*Spacecraft description*
*⑫*

MANNED SPACECRAFT CENTER

FACT SHEET

APOLLO SPACECRAFT

Robert R. Gilruth

The Project Apollo spacecraft is a three-man vehicle being designed and constructed for this Country's initial expedition to the lunar surface. This lunar expedition has been made a National program under the direction of the National Aeronautics and Space Administration. The Apollo spacecraft is being specifically designed to be launched by the Saturn series of launch vehicles.

The NASA has assigned the management of the Apollo and Saturn programs to the Manned Spacecraft Center and the Marshall Space Flight Center, respectively. These centers will work closely together in the development of this flight hardware to assure complete compatibility and to optimize such compromises which must be made to settle the not unexpected design conflicts. This melding of programs has already begun. Some early Saturn flights which were initially assigned to the sole purpose of launch-vehicle development are scheduled to carry development and prototype versions of the Apollo spacecraft. These flights will not only materially aid in the Apollo development program but will also provide a means for assessing the complete system and the operational problem associated with it.

It is felt that a scheme of successive tests and missions, each of increased difficulty or complexity, is the best means of developing spacecraft for manned flight. This is the traditional method employed in prototype testing of aircraft and is also the method used in the Mercury project. This method is ideally suited to the Apollo spacecraft since it allows for manned flight on early missions of reduced hazard and is in keeping with the development of the Nation's launch vehicle capability. The Saturn C-1 will be suitable for earth-orbital missions. An advanced Saturn will carry the spacecraft to escape velocity and will be suitable for circumlunar and lunar-orbital flights. The lunar-landing mission may be made with some type of rendezvous scheme using Saturn launch vehicles or by the direct approach with a large launch vehicle.

The Apollo spacecraft will be primarily designed for its lunar mission. Nevertheless, it will be well suited for other missions. It will be capable of rendezvous and, therefore, should work well in support of orbital space stations and laboratories. It will be designed to provide adequate accommodations for a 14-day duration mission with the three-man crew. With only minor modifications, it should be able to carry double that number of men on flights of short duration.

## 阿波罗计划轨道示意图

这份月球轨道交会方案的轨道示意图未标注日期，但它展现了登月舱降落月球方案的一个非常初步的版本。

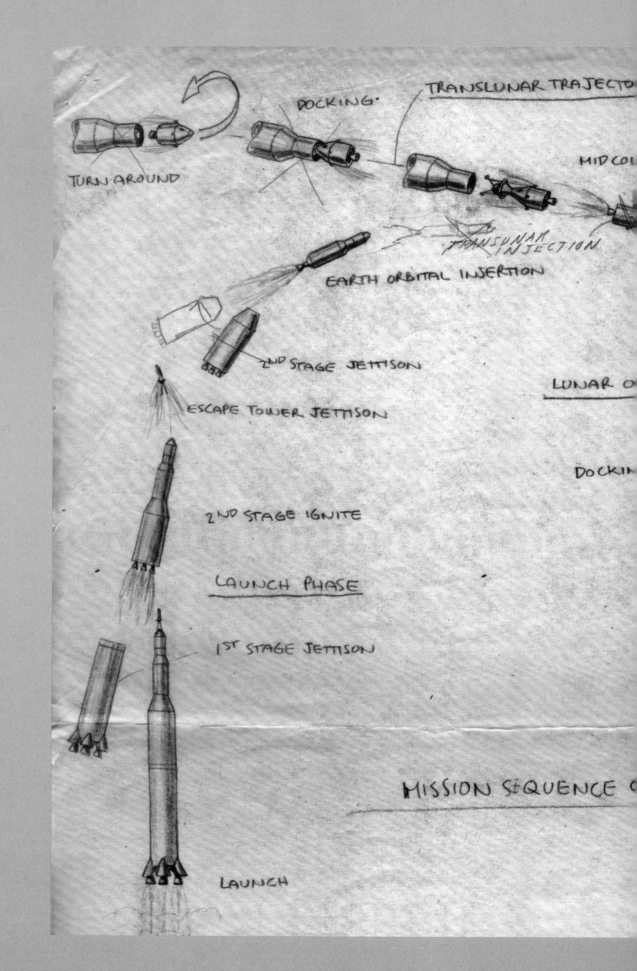

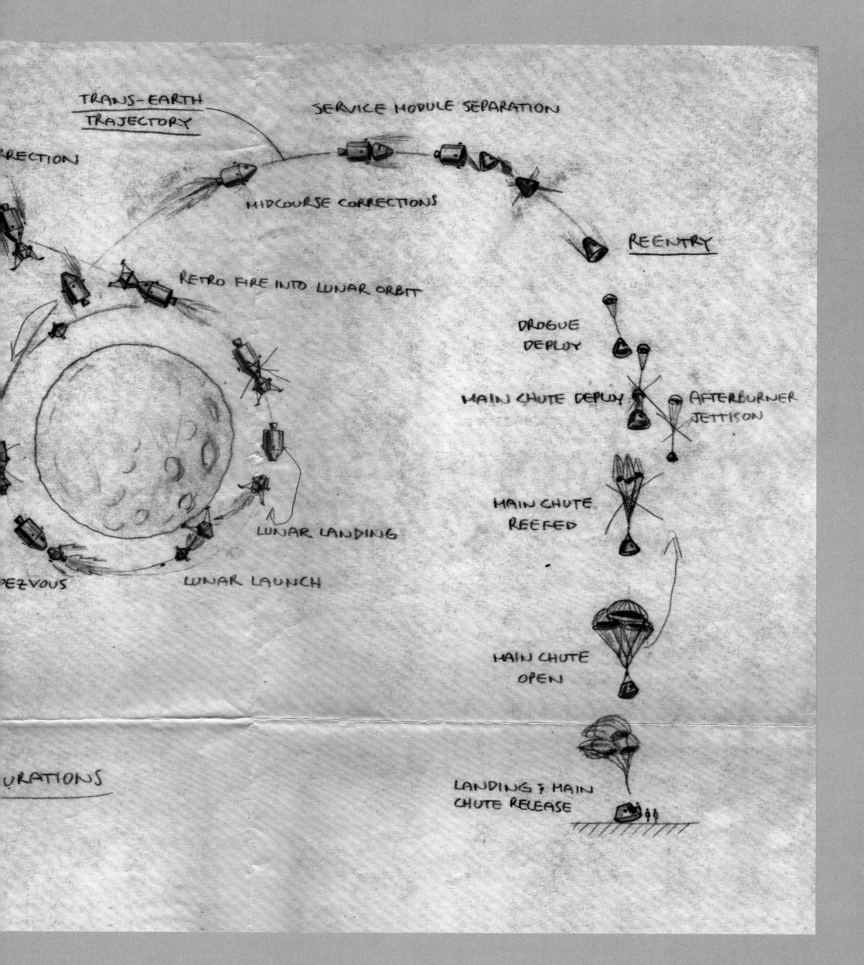

TRANS-EARTH
TRAJECTORY

SERVICE MODULE SEPARATION

...RECTION

MIDCOURSE CORRECTIONS

REENTRY

RETRO FIRE INTO LUNAR ORBIT

DROGUE
DEPLOY

MAIN CHUTE DEPLOY

AFTERBURNER
JETTISON

MAIN CHUTE
REEFED

LUNAR LANDING

...PEZVOUS

LUNAR LAUNCH

MAIN CHUTE
OPEN

...URATIONS

LANDING & MAIN
CHUTE RELEASE

第6章

CHAPTER
SIX

苏 联 人 的 失 败

苏联人并没有因为美国阿波罗 1 号的悲剧而停滞不前。公众对这次事故表示了同情，同时也表现出了一丝轻松。在登月这场竞赛中，这次事故也许能为他们赢得宝贵的时间。

---

　　此后，在 1967 年 4 月，苏联人也迎来了失败。4 月 23 日，弗拉基米尔·科马罗夫（Vladimir Komarov）乘坐联盟 1 号宇宙飞船升空，这正是苏联版的阿波罗指令 / 服务舱。科马罗夫非常担心飞船的状态，和阿波罗 1 号一样，这艘飞船也是同型飞船中的第一艘，会有数以百计的缺陷。然而，来自苏联领导层的压力占了上风，联盟 1 号如期发射。

　　发射后，问题几乎马上就暴露了出来。在进入轨道后不久，两块太阳能电池板中的一块无法展开，这让航天器供电不足。之后，操纵系统开始失灵，科马罗夫越来越难以控制飞行器的方向。它开始在太空中翻滚。

　　在绕地球飞行到第 18 圈时，相关人员决定中止飞行任务。科马罗夫的妻子被带到控制中心，和丈夫进行了一次简短的对话。此刻他正处于飞船旋转带来的眩晕中。他明确表示自己生还的可能性很小，他并不乐观，随后说了再见。后来据传，他咒骂了苏联的工程师和整个计划，并试图在这种紧急状况下手动控制飞船再入大气层。

　　他最终成功地离开了轨道，但当他开始下降时，降落伞的绳索缠在了一起。联盟 1 号以每小时 145 千米的速度撞向了故乡的大地。在随之燃起的大火之后，苏联的第一艘登月飞船被烧得所剩无几。

　　事情的发展出现了转折，在这场带有讽刺意味和悲剧色彩的事件之后，两国的太空计划都放缓了脚步。与此同时，之前发现的问题逐渐得到了解决。两个国家都没有能抵挡住早期太空项目成功带来的骄傲和自大，并且都为在政治算计中诞生的鲁莽而仓促的工程付出了极高的代价。在追梦月球的路上，美国和苏联各自耽搁了将近 18 个月。

下图：联盟号运载火箭。和阿波罗计划类似，这里也安排了逃逸塔。联盟号飞船安置在火箭顶部的整流罩内。

## 月球飞船着陆器

　　苏联的登月航天器叫月球飞船着陆器。它比美国的登月舱小，只能搭载一名宇航员到达月球表面。它的设计不包含宇航员通道，比美国登陆舱更简单。因此，在对接时，宇航员必须先从联盟号飞船出舱，在太空中行走到月球飞船。他从月球返回的时候，还要反向重复一次这样的操作，而且他还要拖着各种各样的月球岩石标本。月球飞船着陆器从没真正尝试过着陆月球。

下图：苏联的月球着陆器，被称作 LK，即 Lunniy Korabl（月球飞船）。

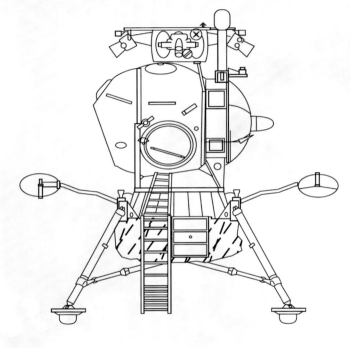

上图：联盟号火箭即将从拜科努尔（Baikonur）航天发射场发射升空。

　　尽管如此，在这段时间里，人们实现登月梦想所需的其他系统依然得到了持续的发展。针对美国的土星 5 号，苏联研发了 N-1 运载火箭，其尺寸和外形与冯·布劳恩的土星 5 号差不多，但相似之处也仅此而已了。苏联选择用 30 台较小的发动机将他们的重型登月飞船发射到月球上，而不是像美国人那样发展巨大但容易发生故障的发动机。这样不但可以减轻重量，还可以节约资金和时间——至少他们是这样期望的。

　　N-1 是个庞然大物，近 107 米高，能够产生近 450 万千克的推力。相比之下，土星 5 号只能产生 340 万千克的推力。N-1 是有史以来人类尝试设计过的最大火箭。

　　项目已经困难重重，更糟的是，拥有坚定决心而且善于说服别人的首席设计师谢尔盖·科罗廖夫在 1966 年 1 月去世了。他的副手瓦西里·米辛(Vasily Mishin)被指派完成 N-1 项目，但他既没有老领导的政治手腕，也没有他那样的领导才能。即便如此，N-1 登月项目还是在蹒跚前行。

　　终于，在 1969 年 7 月 3 日，阿波罗 8 号绕月飞行 6 个月之后，也就是阿波罗 11 号发射前两周左右，一枚改进型的 N-1 准备发射了。这次发射任务可能不再是为了测试，人们怀疑这是苏联全力以赴，试图在登月上击败美国人的一次尝试。火箭顶部装载的是未经试验的新型月球着陆器。有记录显示，几千米外有一枚小一点的火箭准备在 N-1 进入轨道后发射，宇航员在上面的联盟号宇宙飞船里，准备在太空与 N-1 会合，之后前往月球。这样可以比美国提前至少一周实现登月。

　　倒计时结束的刹那，巨大的火箭艰难地从发射台上飞起来，所有 30 个发动机都点燃了。随后，在飞行到几百米高的时候，第二级火箭收到一个错误的信号，它误以为第一级已经完成了燃烧，于是它也点燃了。很快，整个 35 层楼高的火箭爆炸，成了一个巨大的火球，坠落到地面，变成了一个巨大的火堆。当烟雾散去，爆炸形成的巨大凹坑成了 N-1 最后安息的地方。这项在载人登月领域屈居第二的科技结晶在烟雾中燃烧了几天之久，这次失败被当作国家机密保守了几十年。也许还有其他试图重新启动 N-1 火箭项目的尝试，但没有一次成功。苏联计划在登月上击败美国的梦想在一次身家耗尽的爆炸中破灭了。

左图：印有弗拉基米尔·科马罗夫英雄形象的邮票。他在联盟 1 号的降落过程中牺牲，当时联盟 1 号的降落伞未能正确打开。

顶图：苏联联盟号宇宙飞船照片。设计于 20 世纪 60 年代初的联盟号和阿波罗飞船一样计划用于载人登月。设计承载三位宇航员的联盟号曾经飞向月球，但从未真正载人飞行。尽管如此，多年来这一设计被证明是非常可靠的。直到今天，遵循这种设计的飞船还在不断飞往国际空间站。

上图：N-1 火箭。它比冯·布劳恩的土星 5 号更大、更强。N-1 曾多次试射，但从未完全成功过。为了抢先登月，苏联人一直在努力，但 N-1 在一次发射中发生了巨大的爆炸，许多重要的苏联太空科学家牺牲了。尽管人们在该火箭的研发上又做出了许多努力，但始终没有迎来成功。

## 首席设计师过世

谢尔盖·科罗廖夫死后才被俄罗斯人称为"首席设计师"。1938 年，斯大林的大清洗波及了他，他在西伯利亚被关押了 6 年。这些年的艰苦劳动使得他早逝于 1966 年，年仅 59 岁。他被释放后，身份有了很大改变。开始负责苏联大部分太空计划之后，科罗廖夫成功领导了 20 世纪 60 年代早期的东方计划和上升计划。他没能等到登月梦想实现就去世了，他的死也注定了苏联登月计划的失败。

《真理报》，1969 年 1 月 22 日

1969 年 1 月 22 日发行的苏联《真理报》报道了以下内容：联盟 4 号和联盟 5 号在一天内发射升空并在轨交会对接，联盟 5 号的两名宇航员通过太空行走到达联盟 4 号。这是对几周前阿波罗 8 号成功的一次毫无新意的应对。

Пролетарии всех стран, соединяйтесь!

Коммунистическая партия Советского Союза

# ЛЕНИНГРАДСКАЯ ПРАВДА

Орган Ленинградского областного и городского комитетов Коммунистической партии Советского Союза, областного и городского Советов депутатов трудящихся

Год издания 51-й № 18 (16415) | Среда, 22 января 1969 года | Цена 2 коп.

# УДАРНАЯ ВАХТА ПЯТИЛЕТКИ

НАВСТРЕЧУ 100-летию СО ДНЯ РОЖДЕНИЯ В. И. ЛЕНИНА

## БОЛЬШЕ, ЛУЧШЕ, ДЕШЕВЛЕ!

## НА ОСНОВЕ ТЕХНИЧЕСКОГО ПРОГРЕССА

ОБЯЗАТЕЛЬСТВА ТРУДЯЩИХСЯ МОСКОВСКОГО РАЙОНА

## СТРОИТЬ РИТМИЧНО

НАМЕЧАЕТ ГЛАВЗАПСТРОЙ

## Кировцы идут вперед

ВСЕ РЕЗЕРВЫ — В ДЕЙСТВИЕ

# РОДИНА СЛАВИТ ГЕРОЕВ!

Космонавты полковник В. А. ШАТАЛОВ, полковник Б. В. ВОЛЫНОВ, А. С. ЕЛИСЕЕВ и полковник Е. В. ХРУНОВ на космодроме.
Телефото ТАСС.

# ТРУДОВЫМ ДЕЛАМ — КОСМИЧЕСКИЙ РАЗМАХ

# ДВОЕ ШАГАЮТ НАД БЕЗДНОЙ...

Техника космического перехода

Н. АНДРЕЕВ, инженер (ТАСС)

# ПОБЕДА У СТЕН ЛЕНИНГРАДА

НАУЧНАЯ КОНФЕРЕНЦИЯ В СМОЛЬНОМ ЗАКОНЧИЛА РАБОТУ

（本页及对页内容的译文详见 本书第 174 页。）

ЗВЕЗДНЫЕ ЧАСЫ ЧЕЛОВЕЧЕСТВА

## РАБОТЫ НАШЕГО ГРАФИКА
### ЛЮБИМАЯ ТЕМА

КОММЕНТИРУЕТ ЛЕНИНГРАДСКИЙ УЧЕНЫЙ

# «ОЧЕНЬ ЦЕННЫЙ ЭКСПЕРИМЕНТ...»

Фото О. Петрикова

## «СПАСИБО, РОДНЫЕ ТОВАРИЩИ!»
Поэтесса — член бригады коммунистического труда

О. ГОРНАЯ

## ТОЛЬКО ФАКТЫ

### ВСПОМИНАЯ ОДИН ЭПИЗОД
## МНОГО ЛИ КОСМОНАВТУ НАДО?

### АЛЛЕЯ НА БАЙКОНУРЕ

### ВСЕ ЧЕТВЕРО — ЗАСЛУЖЕННЫЕ МАСТЕРА СПОРТА

### ХОККЕЙ
## СКА — В ЧЕТВЕРТЬФИНАЛЕ

А. ЦЕЯН

### САЛЮТ В ЧЕСТЬ ОТВАЖНЫХ
ОТ НАЧАЛЬНИКА ГАРНИЗОНА ГОРОДА ЛЕНИНГРАДА

## ПОГОДА

Редактор М. С. КУРТЫНИН

«Над планетой».                Рис. художника А. Сонцева.

### ИНТЕРВЬЮ ПО ПРОСЬБЕ ЧИТАТЕЛЕЙ
# ПРИШЕЛЕЦ ИЗ ГОНКОНГА

Р. ВАНЕЕВ

Т. НИКОНОВА

| ТЕАТР | РАДИО |
| --- | --- |

СРЕДА, 22 ЯНВАРЯ

| КИНО | ТВ |
| --- | --- |

СРЕДА, 22 ЯНВАРЯ

В Подмосковном парке.                Фото Б. Брязгина.

Наш адрес: Ленинград, Д-03, Фонтанка, 59.
Телефон для справок и редакции 15-39-54.

Типография имени Володарского.

М 07032     Зак. № 2036

第 7 章

C H A P T E R

S E V E N

最 复 杂 的 机 器

尽管阿波罗 1 号的大火给予美国的太空计划沉重的打击，但相比付出的代价，它可能挽救了更多的生命。

---

这次事故非常严重，它不但暴露了指令舱本身的缺陷，还暴露了制造单位乃至 NASA 管理层的问题。NASA 开除了一些雇员，更多的人受到了惩罚。北美的航空业受到了严格的审查，宇航员们自担重任，更多地参与到飞行史上最复杂机器的设计和制造之中。

冯·布劳恩和他的团队一直在努力研发土星 5 号推进器。和阿波罗计划一样，这枚巨型火箭在几年前是一项不可想象的工程。火箭高 111 米，推力 340 万千克，能将美国此前发射过的所有宇宙飞船一次送上天，但它只能将一艘阿波罗飞船送上月球。

土星火箭的设计是一个漫长而复杂的过程，大部分工作集中在巨大的一级发动机上。上面各级依靠液氢和液氧混合燃烧提供动力，两者都是高效的推进剂。第一级则使用液氧和煤油，让火箭飞离发射台。这级推进剂力量较小，如此一来，发动机需要达到前所未有的大小。

这些 F-1 发动机是由位于加利福尼亚州卡诺伽园（Canoga Park）的洛克达因（Rocketdyne）公司制造的，每台都有一辆 SUV（Sport Utility Vehicle，运动型实用汽车）那么大。巨大的火箭喷嘴周围环绕着数百米长的巨大管道，燃料通过这些管道泵来输送，这个过程冷却了喷嘴，同时也预热了这些液体。F-1 发动机的一切都是那么巨大、新奇。尽管如此，它依然和其他火箭发动机一样，由众多金属腔体组成，这些

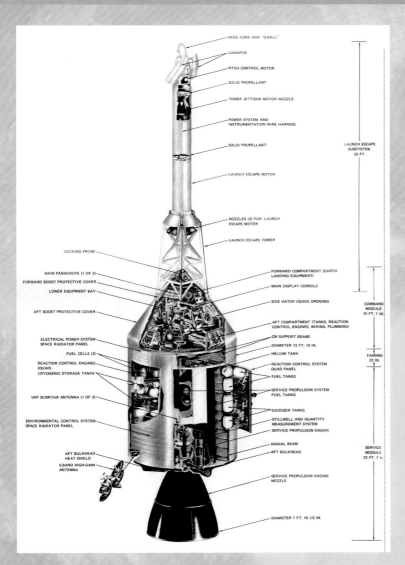

## 指令 / 服务舱参数

**指令 / 服务舱（第一个地月运送工具）**

**高度：**9.75 米
**直径：**3.96 米
**重量：**30.333 吨

**推进力**
主发动机（服务舱推进系统）：113400 千克推力

**操控发动机**
指令舱：12 台发动机——每台 42 千克推力
服务舱：16 台发动机——每台 45 千克推力

**推进燃料**
**服务推进系统：**自燃推进剂、联氨和四氧化二氮
**操控推进系统：**自燃推进剂、联氨和四氧化二氮

**续航时间：**14 天
**隔热：**酚醛树脂材料，蜂窝状结构，烧蚀性隔热
**辅助电源：**由三个氢氧燃料电池发电并产生水
**设计师：**美国国家航空航天局马克西姆·费格特（Maxime Faget，1921—2004），即水星计划太空舱和航天飞机设计师
**制造商：**北美航空

**左图：**阿波罗指令 / 服务舱，可携带三名宇航员登月并返回。它工艺精湛而不失简洁，是一个伟大的工程作品。飞船上方的火箭即逃逸塔，在火箭发射后不久，也就是不再被需要的时候，它将被抛离火箭。它的设计目的是在发射前或者刚刚发射之后 [1]，用助推器把飞船带离火箭。

[1] 即出现险情的时候。——译者注

45

金属腔体（被期望）将化学燃料以可控的方式转化为高能爆燃。

火箭发动机被制造出来，然后点燃、爆炸，在这样的过程中，测试一如既往地进行着。工程师会找出问题所在，修复它，然后再次测试。久而久之，爆炸的频率降低了，成功燃烧的时间也延长了，F-1 发动机从一个遥远的愿景变成了靠得住的现实。值得指出的是，这些成就在 V-2 之后 15 年就得以实现，当时 V-2 只带着很小的载荷飞行了 322 千米。

然而，一些问题依然存在。燃料需要在巨型燃烧室中混合并燃烧，在这里，设计的问题最为严重。如果燃烧室太大，那么燃料的混合和燃烧就会不均匀，工程师不那么文雅地称之为"纵向振动效应"（pogo[1] effect）。火箭在第一级向上推进时会反弹并发生剧烈的振动，在机架内产生巨大的应力。工程师尝试了很多解决方案，也做出了一些改进，但

对页图：冯·布劳恩和他最伟大的创造——土星 5 号火箭的第一级，即 S-IC 级。他身后的五台 F-1 发动机经过了漫长的研发，开发中不断出现困难，但它们最终被证明是坚固、可靠而且强大的。

下图：两枚处在最后组装阶段的土星 5 号第一级。5 台主发动机可产生 340 万千克的推力。时至今日，它仍然是能成功完成飞行的最强大的火箭。

[1]　pogo 本意为弹簧单高跷。——译者注

人们最终只能接受大部分纵向振动效应。这是 NASA 最大胆的决定。

上面几级的设计不像第一级那么难，但每一级都有要面对的挑战。最上面一级 S-IVB 是最复杂的，它只有一个发动机，为了让航天器朝向月球，它需要不断启动、关闭、重新启动。在 20 世纪 60 年代，可重用性并不被认为是火箭发动机应该具有的特性，但最终，在反复测试后，S-IVB 满足了设计要求。

在 NASA 将土星 5 号送上月球之前，人们必须确保指令 / 服务舱能用于太空飞行。这次试验飞行将由阿波罗 7 号的宇航员执行，这是阿波罗 1 号事故以来，美国国家航空航天局首次进行载人飞行试验。

对页图：土星 5 号最上方的指令 / 服务舱正在准备发射。指令舱顶部的小型火箭是逃逸塔，用于在紧急情况下带着指令舱飞离火箭。

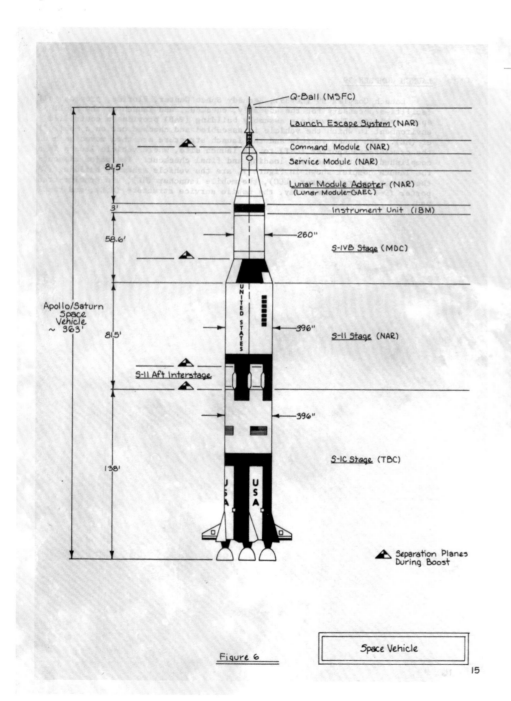

Figure 6

Space Vehicle

15

## 土星 5 号参数

### 第一枚登月级运载火箭

高度：111 米
直径：10.1 米

级数：3

推力
第一级（S-IC）：3400000 千克
第二级（S-II）：453600 千克
第三级（S-IVB）：102060 千克

推进系统
S-IC：5 台 F-1 火箭发动机，采用液氧和煤油燃料
S-II：5 台 J-2 发动机，采用液氧和液氢燃料
S-IVB：1 台 J-2 发动机，采用液氧和液氢燃料

寿命：从上升到入轨；S-IVB 级进入地月转移轨道则寿命结束

辅助电源：电池

设计师：马歇尔空间飞行中心（Marshall Spaceflight Center）的沃纳·冯·布劳恩（1912—1977）等

制造商
S-IC：波音公司
S-II：北美航空
S-IVB：道格拉斯公司

左图：土星 5 号运载火箭示意图。它是世界上成功飞行过的最大火箭，实有 110.64 米高。从上向下数第二个部分是指令舱，在执行完月球任务后只有它会返回地球。

## 第二批阿波罗指令/服务舱控制台

　　飞船上有 24 千米长的电缆和超过 566 个开关！虽然每个宇航员都有自己特定的专业领域，但了解飞船上每个部件的功能是他们每个人必须做到的。

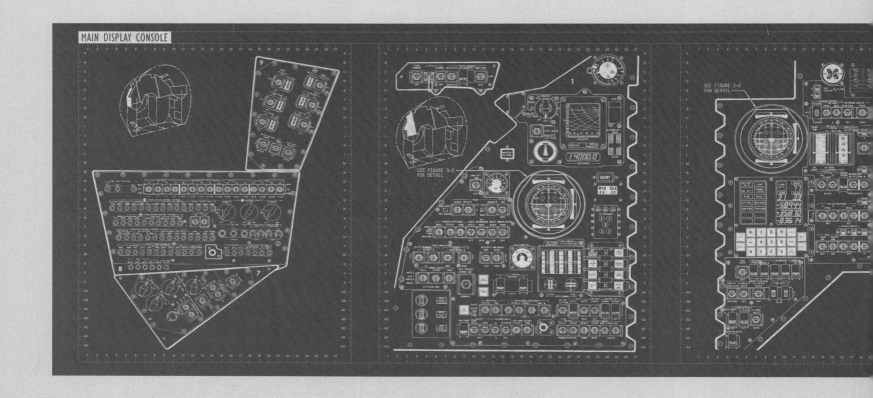

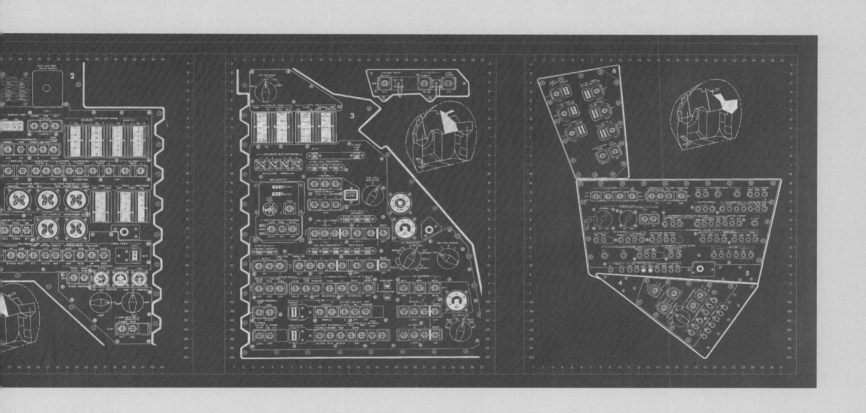

第 8 章

C H A P T E R

E I G H T

# 不死鸟的飞翔

阿波罗 7 号任务的指令长沃尔特·斯基拉（Walter Schirra）曾希望自己的任务呼号叫作"不死鸟"，这种神话中的鸟可以从灰烬中复活。

这似乎正好致敬了他的朋友加斯·格里森和阿波罗 1 号。然而，这无法获得 NASA 的允许——这次飞行中没有要和指令 / 服务舱会合的登月舱，因此也不需要单独的呼号。他们只是称这次任务为阿波罗 7 号。

1968 年 10 月 11 日，美国东部标准时间上午 11 时 2 分 45 秒，首次载人阿波罗任务开始了。这将是阿波罗任务唯一一次在 34 号发射台发射，除后来的天空实验室（Skylab）和阿波罗 - 联盟号测试项目（Apollo-Soyuz Test Project）外，这也是唯一一次使用土星 1B 火箭的任务，因为这次，斯基拉和其他宇航员不需要达到逃逸地球引力并飞向月球的速度。阿波罗 7 号是一次工程测试任务，斯基拉完全能够胜任。作为水星计划和双子座计划的成员，他是一名航天老兵了。这次任务只需要在地球轨道上停留 11 天，以测试新的阿波罗指令 / 服务舱组合体。

与斯基拉同行的是两个新人——指令舱飞行员唐·埃斯利（Donn Eisele）和登月舱飞行员沃尔特·康尼翰（Walter Cunningham）。

上图：阿波罗 7 号任务的臂章，画面中没有登月舱。这次飞行任务只是为了测试指令舱。此时登月舱还没有为升空做好准备。

## 土星 1B 火箭

土星 1B 是土星系列火箭的早期型号。它使用了新的 S-IVB 上面级，主要用于在地球轨道上测试阿波罗任务的组件。它由克莱斯勒公司（Chrysler Corporation）制造，高 68 米，比土星 5 号矮 43 米，第一级发动机的推力只相当于一台 F-1 发动机。

右图：天空实验室 1 号的宇航员正由土星 1B 火箭送入太空。火箭下面的脚手架被称作"牛奶凳"（milk stool），从阿波罗发射中心发射土星 1B 火箭时需要用到它。它被设计用于发射更大的土星 5 号火箭。

# 参与阿波罗 7 号任务的宇航员

下图为 NASA 官方发布的阿波罗 7 号宇航员团队照片。左起：指令舱飞行员唐·埃斯利、任务指令长沃尔特·斯基拉、登月舱飞行员沃尔特·康尼翰。照片背面见对页。

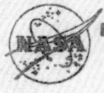

MANNED SPACECRAFT CENTER
HOUSTON, TEXAS
OFFICIAL PHOTOGRAPH

COLOR (PORTRAIT)

22 MAY 1968 S-68-33744

KENNEDY SPACE CENTER, FLORIDA

APOLLO 7 CREW------The prime crew of the first manned Apollo space mission, Apollo 7 (Spacecraft 101/Saturn 205), left to right, is Astronauts Donn F. Eisele, senior pilot; Walter M. Schirra Jr., command pilot; and Walter Cunningham, pilot.

PHOTO CREDIT—NASA OR NATIONAL AERONAUTICS AND SPACE ADMINISTRATION

This photograph is released for non-commercial, non-copyrightable public information use. Written permission must be received from NASA-MSC if this photograph is used in advertising, posters, books, etc., and layout must be submitted to NASA-MSC for approval prior to release. NASA-MSC also requests written notification of any uses of this photograph in scientific-engineering projects.

## 职业生涯的结束

遗憾的是，虽然阿波罗 7 号的飞行圆满完成了，但三名宇航员的职业生涯却结束了。沃尔特·斯基拉在水星计划和双子座计划的飞行中有出色表现，但是他对任务控制中心过于强硬（这很可能与再入大气层阶段是否应该戴头盔的争论有关），而其余的宇航员则因为他们的指令长被察觉有"叛变"行为而受到牵连。没人再执行过任务，他们开始向其他方向发展。斯基拉仍然是公众最常见到的航天人，他成了哥伦比亚广播公司新闻节目中沃尔特·克朗凯特（Walter Cronkite）的阿波罗顾问。

上图：阿波罗 7 号的宇航员团队，这一张是 NASA 的原始公关照片，拍摄于完成溅落之后。左起：沃尔特·斯基拉、唐·埃斯利、沃尔特·康尼翰，尽管他们还在生病，但还是很高兴地安全地回到了地球。

这是他们两人的第一次太空飞行，康尼翰甚至不需要驾驶登月舱，即便如此，任务中还是有很多测试要做。这是北美罗克韦尔公司第二批指令舱的首次载人飞行。与此同时，无论人们说与不说，阿波罗 1 号的大火对许多人而言依然历历在目。

将阿波罗 7 号发射升空的土星 1B 是个怪异的组合。它的推进器是土星 5 号的研发基础。它的第一级有九个燃料箱和发动机，其中八个围绕在第九个周围，可以说，这八个中的每一个都是一枚早期的红石式运载火箭，位于中间的则是一枚木星火箭。在这里，整个第一级的推力和土星 5 号的一个发动机相当。

第二级，即 S-IVB，大体上与在后来的阿波罗任务中安排在第三级的火箭差不多。上面是登月舱的位置。在这次飞行中，登月舱除了几个金属桁架外，没有其他部件。在金属桁架上有一个对接靶标，用于交会对接练习。

这次，阿波罗 7 号计划进行测试的主要有环境控制系统（Environmental Control System, ECS）、交会对接操作和服务推进系统（Service Propulsion System, SPS）。服务推进系统是指令舱尾部的火箭发动机，它能使飞行器减速并进入月球轨道，更关键的是，它能带飞行器离开月球轨道，返回地球。在这次任务中，它像瑞士手表一样精密地启停了 8 次，每个人都很高兴——可以松口气了。

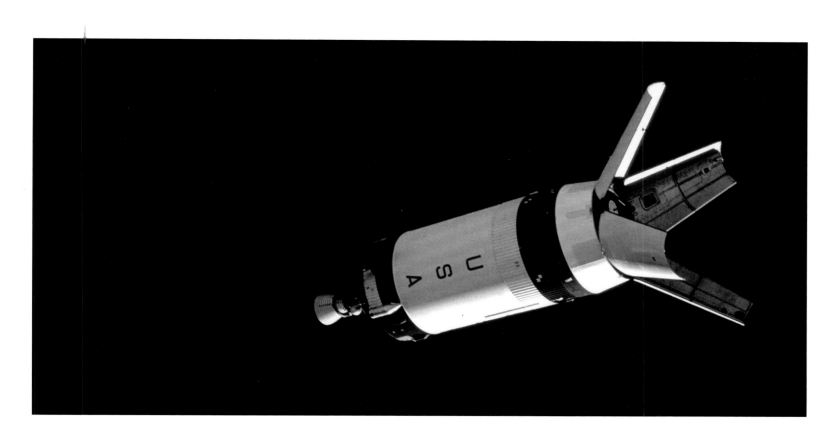

但宇航员的健康状况无法让人开心。任务开始不到一天,斯基拉就患上了感冒,并且很快传染给了其他宇航员。即使是在地球上,患上感冒也会让人非常不适,在太空中,在狭小的太空舱里,感冒很快就成了宇航员的噩梦。在没有重力的环境中,应该排出的黏液会积累起来,留在他们的脑袋里,堵住他们的耳朵,让他们痛苦不堪。

另一个令人沮丧的问题关乎飞船的窗户,这可能会为后面任务中的交会对接带来障碍。窗户上有些地方起雾了,这在太空中无法清理。在太空的这段时间里,这些窗户会一直保持模糊。后来,这个问题定位到了一种用于窗户密封的化合物,并在阿波罗 9 号任务中得到解决。

1968 年 10 月 22 日,指令舱离开轨道飞向大西洋。里面坐着三位脾气暴躁、正在生病的宇航员。斯基拉和休斯顿的地面中心曾发生过几次争执,其中一次的焦点就是在重返大气层时是否需要戴头盔。休斯顿方面希望他们戴上,但斯基拉担心这会导致耳膜破裂,所以坚持不戴。作为现场的指令长,斯基拉赢得了这场争论。后来 NASA 的管理层对这场争执做出了裁决。

这次任务的最后一个遗憾是,溅落在海上时,飞船立即进入了"稳定 -2"状态,这是 NASA 的术语,意思是上下颠倒。不断吸鼻子的宇航员挂在固定带上,在斯基拉口中的那艘"破船"里上下浮动,直到最后被飞船顶部的浮球扶正。救援队很快就赶到了,但对于里面的三个人来说还不够快。

尽管在一些小问题上已经快要引发"叛变"了,但阿波罗 7 号最终还是取得了令人振奋的成功。它让阿波罗计划从那场大火带来的困境中解脱出来。斯基拉和他的宇航员掌控了阿波罗飞船,更为阿波罗计划赢得了一场公关胜利,改变了阿波罗计划的命运。

再过不久,阿波罗 8 号将飞向月球。

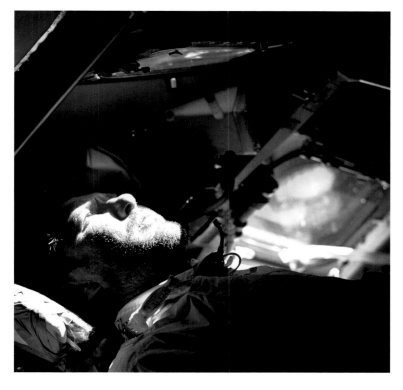

**对页图:** 1968 年 10 月 11 日,美国东部时间上午 11 点 2 分,阿波罗 7 号由土星 1B 火箭发射升空。

**上图:** 任务指令长沃尔特·斯基拉富有戏剧效果的照片,拍摄于阿波罗 7 号在轨道上运行几天之后。

**顶图:** 在指令舱上看到的土星 S-IVB 级。在后来的阿波罗任务中,登月舱被固定在这一级的保护罩"花瓣"里。在阿波罗 7 号上,这一级是空的,只有一个小桁架和一个用于练习对接的标靶。

第 9 章

CHAPTER
NINE

飞向寂静的太空

1968 年 8 月，弗兰克·博尔曼和他的宇航员吉姆·洛弗尔、比尔·安德斯（Bill Anders）正忙着为阿波罗 9 号准备飞行。

事情来得出乎他们的意料。这几个人被召集到一起，与 NASA 管理层开会。会上他们被告知要乘坐的火箭由土星 1B 换成了土星 5 号，他们的任务由阿波罗 9 号改为阿波罗 8 号，最重要的是，他们的目的地从地球轨道变成了月球。

阿波罗 7 号指令 / 服务舱工作良好，因此没有必要按最初的计划再进行另一次地球轨道试验飞行。而且，巨大的土星 5 号运载火箭只飞行了两次，总的来说状态可靠。然而，另外两个因素才是 NASA 做出这个决定的关键。第一，人们越发怀疑苏联正在计划登月，并以此抢阿波罗计划的风头。第二，格鲁曼航空航天公司负责制造的美国登月舱依然超重。美国人要到 1969 年中期才能做好月面着陆的准备。

事情的发展在那时以及后来的一段时间里，看起来都和月球没什么关系。美国必须先到达月球，尽管这意味着登月设备来不及经过完备的测试。土星 5 号那时仍然存在一些问题，其中有一个尤其令人忧心。火箭燃料不容易均匀燃烧，这会引发剧烈的振动。而指令舱只在阿波罗 7 号任务中承载一组宇航员飞行过一次。这是大胆的一步，NASA 管理层不得已勉强批准。尽管如此，博尔曼、洛弗尔和安德斯是不会很快同意的，阿波罗宇航员禀性如此。

于是，1968 年 12 月 21 日，当地时间下午 12：51，阿波罗 8 号从 39A 发射台发射升空。有很多名人观看发射，尤其值得一提的是，传奇飞行员查尔斯·林德伯格（Charles Lindbergh）和他的妻子也在惊叹中目睹了发射过程。在 1927 年，他历史性地实现了跨大西洋飞行之后，阿波罗 8 号的成功就成了必然。

在这次勇敢的冒险中，阿波罗 8 号只带了飞到月球并返回所必需的东西，并没有带登月舱。两年后在阿波罗 13 号任务中充当救生船并发挥关键作用的登月舱此时还在格鲁曼公司经历开发阶段，几个月后才能就绪。然而，NASA 对使用现成的指令舱推进计划充满信心。幸运的是，后来威胁阿波罗 13 号宇航员的故障氧气罐刚刚下线，正等待安装。这次任务将依靠 103 号指令 / 服务舱完成。

**上图：**阿波罗 8 号宇航员，左起：登月舱飞行员吉姆·洛弗尔、指令 / 服务舱飞行员比尔·安德斯、指令长弗兰克·博尔曼。

**左图：**阿波罗 8 号任务徽章。徽章上大大的红色"8"大致代表了他们飞行到月球的轨道，不过这实际上是一个"自由返回"轨道，只有在他们没能成功进入月球轨道的紧急情况下才会采用！

## 充满风险的事业

登月舱一艘也没准备好，所以阿波罗 8 号没带登月舱就飞向了月球。取代登月舱的是阿波罗登月舱测试体（Lunar Test Article, LTA），这是一个由金属桁架搭建的框架，安装在 S-IVB 级平台的上部外壳内，用来模拟登月舱。当指令 / 服务舱与上面级火箭分离时，宇航员不带登月舱，直接飞向月球。这次任务中唯一的生命支持系统在指令舱中。如果遇到类似阿波罗 13 号的问题，服务舱的氧气罐爆炸，那么宇航员会在到达月球之前窒息而死。

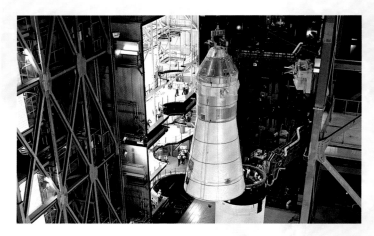

上图：在位于佛罗里达州的肯尼迪航天中心，阿波罗 8 号指令 / 服务舱和登月舱保护罩与土星 5 号装配在一起。

土星 5 号的表现堪称完美。几分钟之内，S-IVB 级关闭，进入待机轨道依靠惯性飞行。从这时起，飞行任务开始脱离人们熟悉的轨道，宇航员第一次离开地球轨道，前往另一个天体——月球。

在 S-IVB 级再次开机燃烧之后，阿波罗 8 号以 10668 千米每秒的速度飞行。大约 60 小时后，宇航员摆脱了熟悉的地球引力，尽管感觉不到，但他们已经开始落向月球。他们进入了月球引力的控制范围。计划安排和计算上的一点微小的误差都将导致飞行中的阿波罗 8 号从月球身边错过，进入深邃的深空。当然，它也可能直接撞击月球表面。当时，人们希望它进入 97 千米高的月球轨道，但其实进入任何靠近月球的轨道都好过深空和误撞。

在这项任务中，人类第一次从深空回看自己的家园。地球会是什么样子呢？这只是这项任务创造的众多第一中的一个。指令舱飞行员比尔·安德斯在与地面控制中心通话时有一番非常实在的描述："这是我们在宇宙中唯一能看到的色彩……我们生活的地方就是这不起眼的星系中的一颗微小的尘粒。这就是人类的家园。我们在石油和边界问题上纷争不断，我为此感到遗憾。"

洛弗尔的描述则更加感性："这一瞬间她让我想到……我们是多么渺小，我们是多么脆弱，我们是多么幸运，才能拥有这样一个天体，可以享受天空、树木和水……许多在这样的环境中出生成长的人认为这些

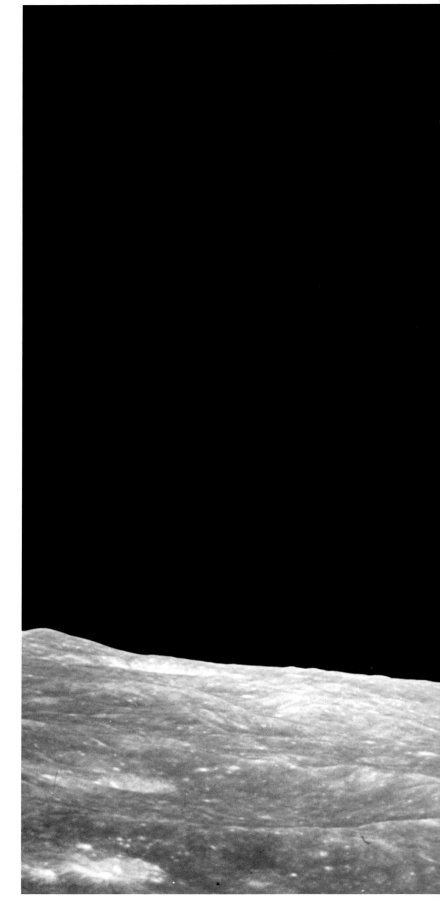

都是理所当然的，他们没有意识到自己拥有这么多。其实，在我离开她之前，我也没有意识到这些。"

月球就在不远的地方，任务指令长弗兰克·博尔曼太忙了，没有时间对着地球畅想。绕到月球后面的时候，他们将完全失去与地球的联系。这时，他们得重新启动服务舱发动机，让飞船减速到足以被月球捕获并进入月球轨道。否则他们将掠过月球，进入深空，再也无法回到地球。

跨页图：宇航员在阿波罗 8 号上看到的地球升起的画面。

左图：NASA 在所有阿波罗任务中都使用了瑞典哈苏 2.25 英寸照相机。如图所示，这些相机有的装在航天器内部，有的经过加固，用于月球上的舱外活动 (Extra-Vehicular Activity，EVA) 拍摄。

## 在太空中生病

在每次载人航天器发射之前，NASA 都会按照传统给宇航员们准备一顿特别的早餐。阿波罗 8 号的早餐菜单上有牛排、鸡蛋和大杯咖啡，弗兰克·博尔曼吃了很多，实际上几小时后他可能就后悔了。不管是因为他吃了太多的早餐，还是因为吃了安眠药，飞船里很快就充满了他的悬浮呕吐物，而且情况越来越糟。宇航员控制住了局面，把东西都清理干净了。在这次任务余下的时间里，博尔曼对自己的进食时间和菜单都格外小心。

上图：阿波罗 8 号的宇航员在享用发射前的早餐，没人预料到接下来博尔曼身上会发生什么。

这份新闻资料的发布比阿波罗 8 号的发射早六天，它详细描述了这次雄心勃勃的任务。其中指出，这是一次"完整的月球轨道任务"。成功完成任务意味着围绕月球完成十圈飞行。最终，任务圆满完成。

**NEWS**

**NASA**

NATIONAL AERONAUTICS AND SPACE ADMINISTRATION
WASHINGTON, D.C. 20546

TELS. WO 2-4155
WO 3-6925

**FOR RELEASE:** SUNDAY
December 15, 1968

RELEASE NO: 68-208

**P R E S S   K I T**

**PROJECT:** APOLLO 8

## contents

-0-

12/6/68

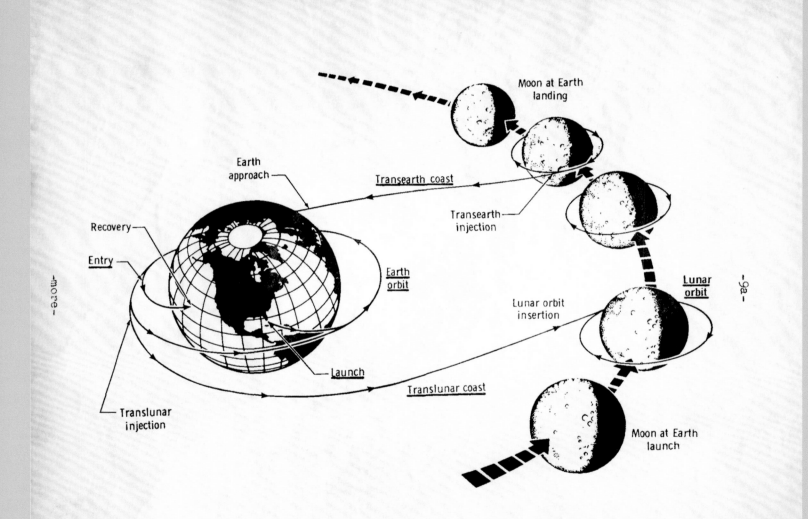

Moon at Earth
landing

Earth
approach

Transearth coast

Transearth
injection

Recovery

Entry

Earth
orbit

Lunar
orbit

Lunar orbit
insertion

Launch

Translunar coast

Translunar
injection

Moon at Earth
launch

第 10 章

C H A P T E R

T E N

太 空 中 的 圣 诞 节

当阿波罗 8 号运行到月球背面时，无线电信号会中断。小小的指令 / 服务舱无法隔着月球和地球进行无线通信。

不论是对美国还是全世界而言，这都是史无前例的——在这次太空旅程中，抛开再入大气层时那几分钟，还有计划内的无线电中断出现。

任务控制中心的技术人员早已有所准备。然而，这段时间人们依然坐立不安，连雪茄都比平常消耗得快。所有人的神经绷到了最紧，如果服务舱推进系统（Service Propulsion System），也就是服务舱的助推火箭，点火失败，我们就会痛失阿波罗 8 号。登月舱上可没有备用发动机，因此阿波罗 8 号没有再来一次的机会。

时间一分一秒地流逝，任务控制中心等待着太空舱传来的信号。他们甚至用不着和宇航员通话确认一切顺利，因为接收到飞船的无线电遥测信号就意味着发动机工作正常。于是，当计划中的时刻到来时，数据开始从阿波罗 8 号不断传回，每个人都长出了一口气。在遥远的飞船中，宇航员把服务舱推进系统点火的那段时间描述为"我们生命中最漫长的 4 分钟"。

在月球的引力作用下，阿波罗 8 号会围绕月球飞行 10 圈。这就是月球——一幅由冷灰和煤黑色构成的黑白画卷展现在他们眼前，占据了他们的视野。她如此迷人，宇航员望着窗口不能自拔，全然无心工作。洛弗尔第一个描述了他们所见到的景色：

"月球基本上是灰色的，毫无色彩，看起来就像是熟石膏，或者是布满灰扑扑沙子的海滩。我们能看到不少细节。丰富海在这里看不像从地球上看着那么明显，和周围的环形山差别不大。环形山都很圆，数量很多，有些看起来比较新。其中大多数，尤其是圆的那些，看起来是由流星体或者其他什么抛射体撞击而成的。朗伦环形山相当大，在中央还有一个中心山。环形山的山壁呈阶梯状，大概有六七级。"

随后，在第 4 圈的飞行中，阿波罗 8 号上的几位宇航员目睹了人类有史以来的首次"地出"。我们的母星从单色的月球边缘缓缓升起，带着耀眼的蓝色和棕色，还有美丽的白云。这一景象令他们终生难忘。

平安夜那天，绕月即将结束，在第 9 圈飞行中，安德斯开始朗诵《圣经》中的《创世记》一节——这也许可以位列最著名的太空通信之一。这一段文字是基督教对世界起源的解释。播送这一段文字的人在 386160 千米之外黑暗而令人生畏的太空之中度过圣诞节，他们比任何人都远离家乡。

安德斯诵读完第一节之后，洛弗尔接上，随后博尔曼念完整篇。结束时，博尔曼说："这里是阿波罗 8 号全体宇航员，我们最后向大家道一声晚安，祝大家圣诞快乐，好运临门，上帝保佑你们，地球上的每一个人。"

阿波罗 8 号的平安夜广播

## 救援队太近也不行

　　美国的宇航员返回地球时，救援队就在不远处——这往往是令人骄傲的时刻。但是，NASA 的轨道力学专家比尔·廷德尔（Bill Tindal）总感觉这里存在隐患，他说："据报告，阿波罗 8 号指令舱从航空母舰正上方降落，带着降落伞在 4572 米之外溅落。这实在是近到吓人……飞行器撞到航空母舰上会是一场灾难……我严肃地建议救援队重新部署到距离预定落点至少 8 ～ 16 千米的地方。"（详见：https://history.nasa.gov/SP-4205/cover.html。）

**右图：** 宇航员回归之后，工作人员准备将阿波罗 8 号指令舱吊装到航空母舰上。

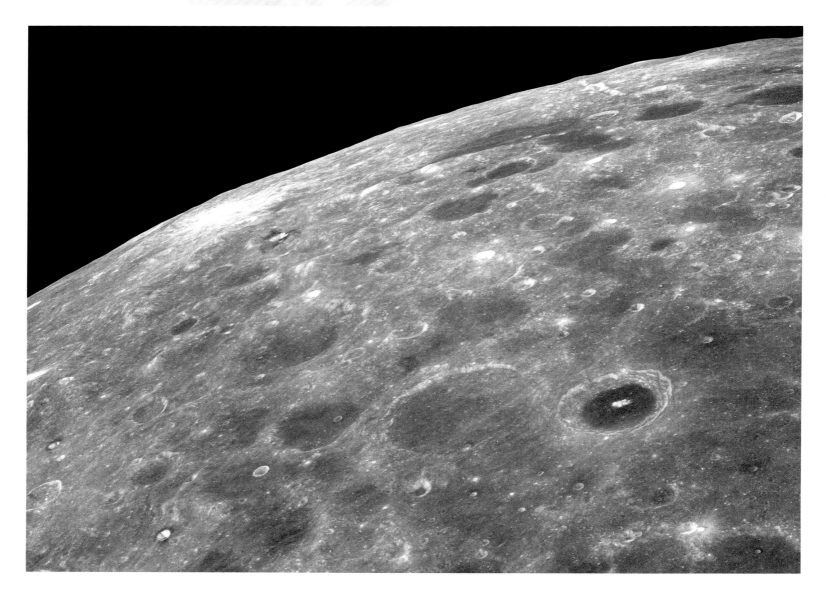

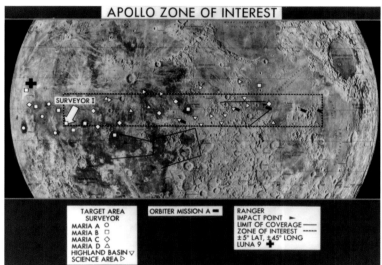

APOLLO ZONE OF INTEREST

SURVEYOR I

| TARGET AREA SURVEYOR | ORBITER MISSION A ■■ | RANGER |
|---|---|---|
| MARIA A ○ | | IMPACT POINT |
| MARIA B □ | | LIMIT OF COVERAGE —— |
| MARIA C ◇ | | ZONE OF INTEREST - - - - |
| MARIA D △ | | ±5° LAT, ±45° LONG |
| HIGHLAND BASIN ▽ | | LUNA 9 ✚ |
| SCIENCE AREA ▷ | | |

绕月第 10 圈时，洛弗尔遇到了些麻烦——他意外抹去了机载计算机上的某些数据。他不得不利用恒星手动校准导航系统（这正是阿波罗任务中登月宇航员在地球轨道之外确定自己位置的方法）。他成功了，回程的障碍扫清了。

地球转移轨道入轨点火同样要在月球背面进行，就像几天之前进行过的那样，任务控制人员在无线电信号中断期间焦急地等待着。当飞船的无线电遥测信号再次出现时，一条从洛弗尔那里传来的大消息也随之到达："请注意，我们这里有圣诞老人！"欢笑声响彻任务控制中心，阿波罗 8 号踏上了归途。

两天半之后他们再入地球大气层。这是另一个至关重要的时刻。在此之前，从未有过从月球返回的载人航天器再入大气层，也从未有过如此高的再入速度——40225 千米每小时。为了降低再入速度，航天器需要在大气层上进行"弹跳"减速，这更令人不安。不过几分钟之后，当再入过程中摩擦产生的高温等离子体散去，飞行控制中心终于又收到了阿波罗 8 号传来的令人期待的声音。他们溅落在浩瀚的太平洋上，在 3 米高的浪涌里随波浮动，等待救援人员的到来。

## 一个法律问题

弗兰克·博尔曼批准阿波罗 8 号的宇航员在月球轨道上朗诵《圣经》时也许根本没有想过这会给 NASA 带来麻烦。就在他们凯旋之后，NASA 很快收到了来自美国（政教）分离主义者协会（Society of Separationists，后成为美国无神论者协会）的律师函，称 NASA 准许他们在月球轨道上进行宗教性朗诵这件事触及了美国宪法中政教分离的红线。此协会提起了诉讼，但没有获胜，不过 NASA 在日后做类似决定时都变得十分谨慎。

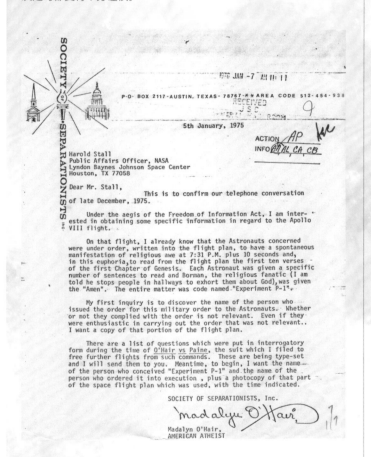

上图：这份律师函以及一系列其他事件使得 NASA 更加注意宇航员该在太空中说什么话。

对页图：从阿波罗 8 号上看到的粗糙的月面。随着他们环绕月球，宇航员眼中不断映入暗灰和漆黑的景色。景色随着太阳的角度变化。

左侧顶图：阿波罗 8 号指令舱划过高层大气时自己给自己燃放的欢迎焰火。摩擦产生的热量烧蚀隔热瓦，产生了壮观的景象。

左上图：包括阿波罗 8 号行动在内的早期载人绕月飞行使得 NASA 能够绘制出《阿波罗计划目标区域》，用于为以后的任务选择着陆点。

第11章

CHAPTER

ELEVEN

飞向月球

负责登月舱的首席工程师托马斯·凯利（Thomas Kelly）遇到了一个问题。这是个"大"问题——6 米高、9 米宽，最要命的是超重了几百千克。

---

格鲁曼制造的阿波罗登月舱超重了，这成了格鲁曼的噩梦。如果登月舱不能成功减重，格鲁曼将会承担阿波罗计划全盘失败的责任。

格鲁曼公司在 1962 年拿下了登月舱合同。此项工作从一个非常简单的模型起步，最早的模型由轻木材和纸片拼接而成。但在随后的 5 年中，登月舱的设计一改再改。当时设计出的登月舱远超 NASA 给出的 14515 千克的最终目标。

登月舱超重使得格鲁曼的工程师精神几乎崩溃——在轨操作重量每多 1 千克，发射重量就要多出 1.8 千克。

这简直是四倍份的第二十二条军规——一个不可能完成的任务。不过，通过不断的刮削、刻蚀和机加工，他们最终遵守了承诺。提供动力的燃料电池被换成蓄电池，上升发动机被简化，着陆支架从 5 条削减到 4 条……改动无数。登月舱逐渐成为奇形怪状但可以飞行的实体。由于没有针对大气内飞行进行设计，登月舱看起来像只甲虫，加上小小的三角形窗户和奇形怪状的燃料罐之后，它看起来像是不折不扣的外星来客。

尽管如此，这个怪物却十分精细。在减重的过程中，每一个金属部件都被切削得更细。最难切削的是耐压船体，它已然只有一个软饮易拉罐的两倍厚了。其上附着了许多用于增加强度的增强筋，然而，宇航员发现他们用一根手指就能轻松揭起这些增强筋。耐压船体实在是太薄了，一把掉落的螺丝刀都有可能在地板上穿一个洞。这些问题使登月舱拥有了一个外号：铝制气球。

登月舱由用于着陆的下降段和搭载宇航员的上升段组成。着陆段携带一台强大的下降发动机以及足够从月球轨道到达月面的燃料。它的各个侧面还置有一系列准备展开的仪器和实验设备，登月舱也会将折叠好的月球车收纳于这一段。按原计划，月球车是有金属侧板的，但为了减重，金属侧板最终换成了镀金的聚酯薄膜层，这使它看起来更加弱不禁风。

在着陆级上方的是上升级。这一级承载着宇航员、所有飞控系统、

上图：为格鲁曼公司赢得设计和制造竞标的原始模型。这是个粗木模型，用回形针精巧地展示出了着陆支架，这就是人们在 1962 年设想的月球登陆舱。最终的登月舱比模型少了一条腿，舱门换成了方形，其他的都十分相似。格鲁曼公司在当时并不知道会遇到怎样的困难。

## G 版本、H 版本和 J 版本

阿波罗计划中共有三种不同的登月舱设计出来并投入使用。其中，G 版本只有阿波罗 11 号任务采用的那一艘登月舱降落到月球上。阿波罗 12 号、阿波罗 13 号、阿波罗 14 号上使用的 H 版本登月舱可以在月球上停留 1 天以上，而且可以携带下降段的实验设备。后来的 J 版本在阿波罗 15 号、阿波罗 16 号、阿波罗 17 号上使用，能够在月球上停留 3 天，改进了下降段里的冷却和内部系统，并且加大了月球车的空间。

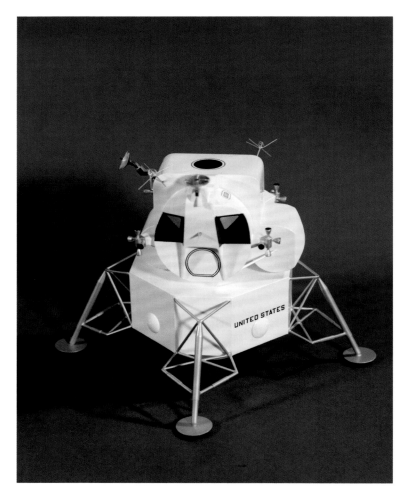

生命维持系统以及上升发动机。上升发动机的设计和制造意味着巨大的挑战，一旦其上任何系统出现问题，宇航员就再也无法从月面返回。发动机轻巧简单，设计时将可靠性放在第一位。

1969 年第一季度，登月舱依然处于超重状态。实际上，阿波罗 10 号上的登月舱重到无法在月球上着陆。格鲁曼公司的团队一直在坚持不懈地寻求突破，几个月后，阿波罗 11 号即将起航，凯利最终可以长舒一口气了。登月舱制造完成，而且质量控制在了限值之内。这是格鲁曼最美妙的时刻，NASA 也终于可以前往月球并着陆了。但是，他们仍需找到前往那里的路。

显然，跨越 386160 千米的黑暗太空前往另一个天体是个挑战。月球是一个不断运动的目标，这让任务更加难以完成。这意味着，你需要以 40225 千米每小时的速度行进，同时需要提前瞄准计划好的月球登陆地点……在近 40 万千米的旅程中，哪怕角度计算错了一两度，你就会错失月球，飞入太空之中，或者一头撞向月球对着地球的那一面。

归途同样充满艰险。有这样一个说法：如果地球是个篮球，那么月球就是个垒球，而再入通道就像一张纸那么厚。对宇航员来说，失之毫厘就意味着死亡。

这些比喻让我们乐观不起来。麻省理工学院（MIT）被分配承担阿波罗导航计算机和软件的设计任务，这一系统将由国防承包商雷神公司

（Raytheon）制造。阿波罗制导计算机（Apollo Guidance Computer, AGC）是双方共同努力的成果。它在很多方面颇具开创性，比如，它最先使用了集成电路，同时它也是第一批真正意义上的紧凑型计算系统。（20 世纪 60 年代的 IBM 大型机仍然需要占据整个房间。）它的运行频率是 1.024MHz，拥有 32KB 的内存，比现在最小的数字手表还要小，但却惊人地可靠和耐用。

宇航员和计算机之间的交互界面叫作屏幕键盘（Display Keyboard, DSKY）。其中包含一个简单的数字显示器、几个警报和状态指示灯，以及一个 10 键数字键盘。这看起来有些复杂，但操作起来其实相当简单，宇航员短时间内即可掌握。

登月舱里的东西更加复杂。登月舱内的导航计算机被称为主制导、导航和控制系统（Primary Guidance, Navigation and Control System, PGNCS）。此外还有一个较为简单的备份计算机，名为中止制导系统（Abort Guidance System, AGS）。这一系统仅用于控制登月舱上升至在轨等待的指令舱。

在阿波罗 10 号任务结束之时，整个阿波罗制导计算机已经被认为适合进行最终测试——阿波罗 11 号的落月和月球轨道对接任务。

## 阿波罗制导计算机之父

查尔斯·斯塔克·德拉普尔（Charles Stark Draper，1901—1987）是阿波罗制导计算机设计研发时期的麻省理工学院仪器实验室（Instrumentation Laboratory）负责人。德拉普尔最先在飞行中使用了一项看似晦涩的技术，其关键在于仅凭出发位置确定方位（惯性制导），这类似航海导航中使用的航位推测法（Dead reckoning）。他先后在斯坦福大学和麻省理工学院接受教育，并在麻省理工学院执教，直至20世纪30年代创立仪器实验室。他的团队负责设计阿波罗制导计算机的硬件。

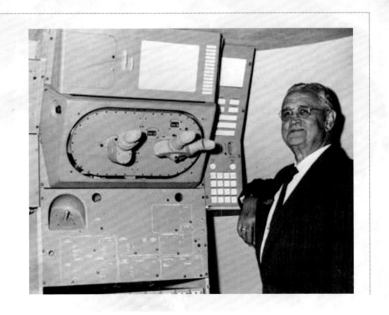

对页左图：格鲁曼公司1964年的登月舱，和最终产品十分相近。

对页右图：登月舱模型试制品上的阿波罗制导计算机。正是它在阿波罗11号下降途中提示了1202号错误和1201号错误，并且在重启之后继续带领他们飞向月球表面。

上图：正在制造中、没有外蒙皮的登月舱。注意图中的舱体支撑增强筋，它们的作用是支撑舱体上的薄金属。

右图：查尔斯·德拉普尔的照片。他的照片非常少。人们常称他为惯性制导（inertial guidance）之父。

第12章

C H A P T E R

T W E L V E

带妆彩排

1969 年年初，在阿波罗 8 号令人印象深刻的绕月飞行结束几个月后，NASA 做好了再获成功的准备。

然而，在真正尝试载人登月之前，那时的人们仍然有需要解决的问题，还有系统需要测试。最为急迫的问题关乎一种有着奇怪名字的现象：质量瘤（mascons）。1968 年，喷气推进实验室的科学家通过一艘无人探测器搜集的数据发现了质量瘤，其英文名 mascons 是"质量聚集地"（mass concentrations）的缩写。他们发现，他们的月球轨道器（Lunar Orbiter）经历了不平滑的轨道飞行。这使得 NASA 担心他们的阿波罗飞船会经历同样的反常情况。

登陆月球必定涉及的高难度交会和对接 / 分离操作也令人担忧。阿波罗 7 号曾绕地飞行，阿波罗 8 号曾绕月飞行，但还没有哪个登月舱执行过任何一次载人任务。登月舱也许可以正常工作，但是谁都不想在直播的登月尝试中对它进行测试。

1969 年 3 月 3 日升空的阿波罗 9 号大约拥有整个项目中最为怪异的呼号，其指令舱被称作"水果软糖"（Gumdrop），登月舱则被叫作"蜘蛛"（Spider）。指令长吉姆·麦克迪维特（Jim McDivitt）会在这次任务之后离开飞行岗位，与他同行的是指令舱飞行员大卫·斯科特和登月舱飞行员拉斯蒂·施威卡特（Rusty Schweickart）。

在这次任务中，土星 5 号将进行第二次载人飞行，这也是登月舱首次载人飞行。登月任务涉及的所有操作都进行了测试，包括登月舱上升级和下降级发动机发动、指令舱和登月舱之间的交会和对接。此外，月球表面所需的便携式生命维持系统也在真空中进行了首次测试。

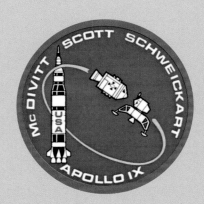

上图：阿波罗 9 号的任务徽章很好地描绘了这次地球轨道任务。图案左侧是土星 5 号，与之相伴的指令 / 服务舱和登月舱处于相对静止的状态。

右图：阿波罗 10 号组合体从航天器装配大楼（Vehicle Assembly Building）中驶出，前往 39 号发射台。

## 常平架自锁

当阿波罗 10 号的上升级（图中银白色部分）在自旋中近乎失控的时候，塞尔南和斯塔福德的视线紧紧锁定登月舱的操控面板。面板中央下部是俗称 8 号球 [1] 的人工地平仪（姿态指引仪）。如果它摆动过大，导航系统会进入"常平架自锁"的状态——导航用陀螺仪会锁死，失去引导信息。这正是塞尔南所担心的情况，也是他呼叫休斯顿，发出警告的原因。

上图：在阿波罗 11 号任务之前，阿波罗 10 号任务是登月的最后一次"带妆彩排"。图中可见登月舱从指令 / 服务舱脱离，准备下降，进行模拟降落。在触地之前，下降级会被抛弃，上升发动机点燃，返回指令 / 服务舱。这是一次承担了巨大风险的任务，其间出现过多次令人神经紧绷的时刻，但它为阿波罗 11 号的成功奠定了基础。

阿波罗 9 号和阿波罗 10 号的登月舱虽然就登月而言依然超重，但是已经很适合测试了。阿波罗 9 号任务持续了 10 天，在地球轨道上验证了相关设备和流程。

阿波罗计划已经开始全速前进。1969 年 5 月 18 日，阿波罗 10 号伴着火焰和烟雾从佛罗里达升空。土星 5 号给宇航员带来了强烈的纵向振动，使他们难以观察仪器。这是令人惊恐的几分钟。不过很快，经受了振动但依然结实的阿波罗 10 号就顺利地飞向了月球。这次，所有宇航员都是参与过双子座计划的老手：指令长汤姆·斯塔福德（Tom Stafford）拥有两次双子座飞行经验，登月舱飞行员尤金·塞尔南（Eugene Cernan）[2] 曾执飞双子座 9 号，而指令舱飞行员约翰·杨曾驾驶过双子座 3 号和双子座 10 号。

他们的这次月球轨道飞行可供休斯顿控制中心研究质量瘤的影响。虽然依旧令人琢磨不透，但可以确定的是，质量瘤并不会危及后续任务。

1969 年 5 月 22 日，阿波罗 10 号获准主导阿波罗 11 号登月任务的预演。塞尔南和斯塔福德进入了登月舱，开始有动力下降。登月舱依然超重，无法安全登陆月球并离开，但还是把他们带到了离月面只有 16 千米高的地方，这是让人充满希望的高度。他们在这里抛弃了登月舱的

下图：阿波罗 10 号宇航员。左起：尤金·塞尔南、汤姆·斯塔福德和约翰·杨。

对页图：阿波罗 10 号拍摄的月面高分辨率照片。

---

[1] 指花式台球中 8 球规则中的黑色 8 号球，因姿态指引仪的重要性而得名。姿态指引仪可见于第 70 页右图，即面板中央右下白色球体。——译者注

[2] 尤金的昵称为基尼。——编者注

下降级，点燃上升级，和在上方指令舱中的约翰·杨会合。

几乎同时，塞尔南在无线电通信中发出了警告。上升级正在疯狂自旋，近乎失控。自动导航计算机看起来正在随机地点燃助推器，登月舱很可能在几分钟之内失去控制。重新掌控登月舱时，他们距离一座较高的月球山峰只有几千米的距离，险些撞上去。一个错置的开关导致了这次失控。

任务的后半段一切顺利，但当塞尔南回到地球时，麻烦正在等着他。之前，在忙乱之时，他曾经念叨出一句脏话，这足以让 NASA 的公关头疼。有些愤怒的美国人给 NASA 写信表达不满。在后续任务中，宇航员都被劝告在命悬一线的时候也要注意使用文明的语言。

似乎是对这一荒诞的情境和 NASA 谨小慎微的回应的嘲讽，其他宇航员在欢迎阿波罗 10 号宇航员返回地球时打出了条幅：

"阿波罗 10 号任务——少儿不宜。"

NASA 已经走上了快车道，下一步就是登月了。

## 质量瘤

起初，月球上的质量瘤引人担忧，但人们后来发现这只不过是小麻烦。这些质量瘤会使无人探月任务的轨道变得反常，正是这类反常现象让人们发现了它们。质量瘤是月球表面质量聚集的区域。它们往往存在于大型盆地或月海中，理论上讲，它们是月球内部较致密的月幔物质凝聚而成的。

上图：史密斯海，月球上一个明显的质量瘤，这里正是用于研究质量瘤对阿波罗飞船轨道影响的地点之一。

上图：虽然只是一次"带妆彩排"，但是阿波罗 10 号任务仍然吸引了不少参观者。图中，NASA 的客人们正从观察平台观看发射。

对页图：一幅来自 NASA 的月球影像，图中拍到了深色的平原，包括静海、危海和史密斯海。

第 13 章

CHAPTER

THIRTEEN

准 备 做 大 事

1969 年 7 月，休斯顿，倒计时的时钟嘀嗒不停。人们正在快速处理最后的细节。所有人都在聚精会神地迎接即将到来的阿波罗 11 号任务。

---

人类首次登月——这可是大事情。谁也不想造成任务失败，变成被追责的那个人。

阿波罗 11 号宇航员团队的模拟器使用时间疯狂上涨，在这一点上仅次于他们的是替补宇航员。他们已经在模拟情境下妥善处理了所有类型的问题和书上出现过的一切故障，在各自的专业技术问题上，他们表现得无比自信。

指令长尼尔·阿姆斯特朗性格坚韧，但说起话来轻声细语。他成长于俄亥俄州的小城。尼尔不会随口寒暄或者讲笑话，这一点在试飞员中很罕见。他一开口便自信而坚决。从少年时代起就为飞机而着迷的他曾经驾驶过世界上最快的飞机，其中包括 X-15。他在 NASA 试飞过试验性的 X-15 火箭动力飞机，而且在几位飞行员中，只有他在试飞时仍是平

民身份。那时他已经梦想成真。现在，他可以更进一步，完成又一个梦想——成为第一个踏上另一个天体的人。

在登月舱模拟器中，站在他身边的是埃德温·巴兹·奥尔德林。他来自新泽西。巴兹就像试飞员世界中的一个谜，他并没有沉溺于充满速度的生活，而是选择追求更多知识。他从麻省理工学院获得了博士学位，论文内容关乎艰深的轨道动力学，这在他执行双子座 12 号任务时、规划阿波罗 11 号任务时都派上了用场。他似乎会为有足够自信的话题开口，特别是关于轨道动力学的话题，他说起来会滔滔不绝。他并不是聚会时特别受欢迎的那种人。

指令舱模拟器中的是迈克尔·柯林斯（Michael Collins）。出生于意大利罗马的迈克尔在气质上和两位同事截然不同。他和蔼可亲、友善，

上图：指令舱检查时期愉快的阿波罗 11 号宇航员。左起：尼尔·阿姆斯特朗、迈克尔·柯林斯和巴兹·奥尔德林。

富有哲学气质，其他宇航员搞不懂他。在后来的日子里，他总会不由自主地回想三人如何变成了阿波罗11号的宇航员——如此不同寻常的队伍真是很难再找到了。这是 NASA 做事的典型方式，无论如何，决策由当权者做出，而且不能更改，事实就是这样。柯林斯会用他掌握的所有技能全力操控指令舱，无论他与尼尔和巴兹是否亲近，他都会竭尽所能地把他们安全带回去。

在准备这次史诗航行时，三位宇航员依任务需要尽可能密切地合作。三人之间连气话都很少说，只是有一天晚上，巴兹和柯林斯在三人同住的宇航员宿舍发生了争吵。他们争吵的原因是，在一次模拟中，巴兹和尼尔撞上了月球，巴兹认为尼尔本应当更准确地了解当时的情况。稍早些时候完成工作的尼尔·阿姆斯特朗表情严肃地走出来，让另外两人小点儿声，以免影响到他睡觉。柯林斯干脆回到了他自己的房间，留下巴兹和尼尔解决他们之间的问题。这是他们能回想起来的三人间为数不多的争吵之一。

在卡纳维拉尔角（肯尼迪航天中心），人们正在全力进行最后的设备检查。所有的飞行组件已经装备到土星5号顶端，指令舱呼号"哥伦比亚"，登月舱呼号"鹰"[1]。就在不久前，格鲁曼的工程师终于成功地为登月舱上削减了足够的重量，保证它可以安全着陆和返航，就像保证其他太空行动基本上能成功一样。鹰号和火箭的其他部分一起接受重重检查。不能为错误留下一点余地。

倒计时在所有人的惴惴不安中继续着。没有人能够完全确定自己真正做好了准备，但每个人都在焦急地等待着发射。终于该起飞了。

---

[1] Eagle，汉译应为"雕"。通常代表美国的"白头鹰"应为"白头海雕"。阿波罗11号登月舱命名有代表美国之意，考虑"白头鹰"这一说法在汉语中已经广泛使用，此处翻译从俗取"鹰"。——译者注

## 谁先出舱？

谁会成为登月第一人？不论是在阿波罗11号宇航员之间，还是在外界，这个问题总是会引发许多猜想。候选人有两位：指令长尼尔·阿姆斯特朗和登月舱飞行员巴兹·奥尔德林。之前所有的太空行动都以军队的传统为准，指挥官留在舱内，副手首先出舱。一部分早期阿波罗计划的档案也明确指出应该如此。但最后，阿波罗11号还要考虑空间问题，登月舱中没有空间让奥尔德林跨过阿姆斯特朗，所以阿姆斯特朗会首先出舱。

上图：登月舱中，即将尝试着陆的巴兹·奥尔德林。在此之后不久，阿波罗11号的宇航员将踏上月面，创造历史。

对页图：指令舱飞行员迈克尔·柯林斯。这是在阿波罗11号发射当天早上，他心情愉悦。值得注意的是，他的头部装置非常厚重，巨大的耳机和双话筒也是内头盔的一部分。

左图：冯·布劳恩站立在他最珍贵的遗产土星5号前面。这正是将要把阿波罗11号带到月球的那枚火箭。

## 平民宇航员

尼尔·阿姆斯特朗来到 NASA 时并不是军人。他以海军飞行员的身份拿到了飞行执照，之后若干年，他在加利福尼亚高地沙漠中的爱德华兹空军基地，随 X-15 火箭动力飞机开启了太空生涯。执行此次飞行任务时，他是 NASA 的前身美国国家航空咨询委员会（National Advisory Committee for Aeronautics）的雇员。他曾经驾驶 X-15 飞到过 63093 米的高度，以美国空军的标准衡量，这在理论上已经"到达了太空"。[1] 除此之外，在试飞生涯中遇到紧急情况时，在遭遇双子座 8 号事故（他的太空舱不受控地翻转，他排除万难，最终控制住了翻滚）时，他应对沉着。尼尔·阿姆斯特朗自然而然地被选为登月第一人。

下图：尼尔·阿姆斯特朗和 X-15。在所有参与登月项目的宇航员中，他是唯一一名试飞过 X-15 火箭动力飞机的人。值得一提的是，受雇于 NASA 时，他还是一介平民。这张照片拍摄 9 年后，他将会把同样的微笑带到月球上的登月舱中。

[1] 美国国内包括空军"进入太空"的高度标准是 50 英里（约合 80 千米），国际通行的标准是 100 千米的冯·卡门线。以这两者计，阿姆斯特朗的 X-15 飞行高度尚不达标。——译者注

# 宇航员的保险

　　距离阿波罗 11 号发射仅剩 9 天的时候，一群美国商人还在致力于帮助 NASA 确定阿波罗宇航员的人身保险条款。许多人以为宇航员的付出可以收获高额的报酬，但实际上他们的收入和处在同一工资级别的政府雇员一样，人身保险这样的福利待遇也相差无几。

OPTIONAL FORM NO. 10
MAY 1962 EDITION
GSA FPMR (41 CFR) 101-11.6

*AD/Hjornevik*

## UNITED STATES GOVERNMENT

# *Memorandum*

TO　　　:　AA/Director　　　　　　　　　　　　　　DATE: JUL 7 1969

FROM　　:　AP/Public Affairs Officer

SUBJECT:　Single-trip insurance for Apollo 11 crew

A group of local insurance men headed by Mr. John E. Smith of the Harlan Insurance Company have approached the Travelers Insurance Company of Hartford, Conneticut, to write a single-trip "travel" policy to cover the men who fly the Apollo 11 mission (prime crew or backup crew). The difficulty in getting insurance in the past apparently has been the inability of the companies to write rates. Travelers, working with the actuaries of several other companies, has settled on a rate of approximately 1 percent. According to representatives of the company, it is presumed that this rate or a lesser rate would be available to astronauts on subsequent flights. Travelers' representatives take the position that this is a first step toward writing rates for space flight.

Specifically, the proposal for the Apollo 11 crew is for Travelers to underwrite a $50,000 policy on each crew member which would cover him against all injuries incurred as the result of the flight from entry into the command module until release from quarantine. Coverage would extend for an additional 100 days for any disease which is "endemic to the lunar surface or its environs." It would not be necessary for the crew to sign policy applications in person. This could be done by Capt. Shepard.

A group of Houston businessmen who are associates of Mr. Smith would like to pay the premium on the policy although this, of course, is at the option of the crew.

The travelers insurance company would like permission, if the policies are accepted, to issue a single press release stating that the policy has been written and describing its conditions. The company states that it will not use the facts surrounding the policy in any form of paid advertising. The press release would be submitted to NASA for review.

Recommendation: In view of the obvious legitimacy of the offer and of the organizations and individuals involved and because of the fact that this offer may lead to the ability of future crews to secure insurance at

INDEXING DATA

| DATE | OPR | # | T | PGM | SUBJECT | SIGNATOR | LOC |
|------|-----|---|---|-----|---------|----------|-----|
| 07-07-69 | MSC | | M | A 11 | (Above) | DUFF | 071-51 |

*Buy U.S. Savings Bonds Regularly on the Payroll Savings Plan*

10

reasonable rates, I would recommend that it be left to the crew's option whether or not to accept this offer.

Brian M. Duff

Enclosure
Proposed language for policy

cc:
NASA Hqs., Julian Scheer, F
AB/Mr. Trimble
AD/Mr. Hjornevik
AL/Mr. Ould
CA/Mr. Slayton
CB/Mr. Shepard

AP:BMDuff:cd  7/7/69

The class of persons eligible to be insured under the policy includes and is limited to astronauts Neil Armstrong, Edwin Aldrin and Michael Collins, or any substitution for any thereof, comprising the flight crew of Lunar Command Module and its Lunar Landing Module of Lunar Flight Apollo 11.

The term "injuries" as used in this policy, or as used herein, means accidental bodily injuries of an insured person which are the direct and independent cause of the loss for which claim is made and occurred during the course of interplanetary flight or travel while this policy is in force as to such persons hereinafter called such injuries.

Such injuries shall be deemed to be inclusive of the contraction of disease which is endemic to the lunar surface or its environs.

The term "occurring during the course of interplanetary flight or travel" as used herein shall be inclusive of all acts or procedures necessarily performed during the continuance of the flight plan of Lunar Flight Apollo 11, including the entrance into the Command Module preliminary to ignition and takeoff of such Module, recovery therefrom, and the periods of required quarantine in the Lunar Receiving Laboratory.

第14章

CHAPTER

FOURTEEN

阿波罗 11 号的旅程

1969 年 7 月 16 日，尼尔·阿姆斯特朗、迈克尔·柯林斯和巴兹·奥尔德林很早就醒了，负责宇航服的技术人员蜂拥到他们身边，似乎要花上几个小时，不断进行那些根本做不完的最后检查。

宇航员乘坐 NASA 特制的面包车从宿舍前往 39A 发射台，除了有记者和前来送行的人群，这一路平淡无奇。之后，他们在哥伦比亚号指令舱里待了几个小时。计数程序很顺利，已经到了最后阶段。

起飞前 3 分钟，土星 5 号转由内部自动发射时序控制器控制。从这时起，火箭进入了自主控制状态，只有出现问题时程序才会被地面终止。

"点火命令马上就到了。我们正在执行自动程序。"这个低沉的声音来自 NASA 公关负责人杰克·金（Jack King），此刻他就是阿波罗发射控制中心的代表。金的语气中丝毫听不出这一创造历史的旅程即将开始。

他继续说道："（倒计时）2 分 37 秒……阿波罗 11 号任务继续进行。"

"阿波罗任务，倒计时 1 分 35 秒，这是将人类送上月球的第一次飞行……所有指示都出来了，我们要出发了……"他这才在声音里流露出不易察觉的兴奋。

在倒计时 25 秒时，阿姆斯特朗告诉发射控制中心发言人，这"感觉很好"，这句话立即被传送给全世界所有正在收听直播的人。

"倒计时 10、9……点火程序启动……6、5、4、3、2、1、0……所有发动机启动……"欢呼声从人群中传来，好几千米外都能听见。

"起飞了，我们在 32 分起飞了！"阿波罗 11 号轰鸣着飞入轨道，在目眩之中，围观的人们洋溢着喜悦。

东海岸时间上午 9:32，金从办公室出来，控制和公告任务交由休斯顿负责。此时，他的脸上终于显露出了兴奋。

那天早上，低云笼罩着海角。火箭不断加速，在云层中留下了巨大的空洞。很快，阿波罗 11 号的 S-1C 级就烧完了携带的 2008994 千克的燃料，脱离火箭。S-II 级点燃，继续推进火箭前进。

上图：设计阿波罗 11 号任务臂章是一项具有挑战性的工作。NASA 明白这是一次将被载入史册的飞行。臂章图案绝对不能冒犯任何人。在最后的方案中，鹰爪上放了一根橄榄枝。

右图：登月舱飞行员巴兹·奥尔德林等待被送往土星 5 号，土星 5 号将把阿波罗 11 号送上月球。

当 S-IVB 级燃料燃尽的时候，阿波罗 11 号已经进入了地球轨道，所有的一切都和模拟中的一样。两个半小时后，宇航员将"地月转移轨道燃烧"（Trans-Lunar Injection, TLI）程序输入计算机，并按下"执行"键。他们脱离了地球轨道。

半小时后，迈克尔·柯林斯接管指令舱。他将已经不动的 S-IVB 级分离并向前飞，180 度转弯，然后慢慢地，慢慢地，逐渐靠近跟在后面的助推器。S-IVB 顶部的鹰号登月舱等着被指令舱捕获拖走。柯林斯小心翼翼地控制着推进器，对轨迹进行细微的修正。透过玻璃十字丝（目

## 发射控制中心的声音

　　1969 年 7 月 16 日凌晨 2 点，当杰克·金抵达肯尼迪航天中心发射控制室的时候，他已知道这不是一次普通的飞行。尽管在双子座计划和之前几次阿波罗任务中，他已经担任过发射控制中心发言人，但这次登月是最重要的。这是公关人员梦寐以求的时刻。度过了忙碌的几周，得知 2700 名记者、新闻工作者和贵宾要前来参加发射活动，他兴奋不已。一如往常，他为阿波罗 11 号发出了威严、流畅的声音，当叙述工作转到休斯顿时，大家总会感到失望。正如他所说的："我们的原则是不加修饰地实时报告正在发生的事情。"［出自《太空港新闻》（*Spaceport News*）2004 年 7 月 16 日文章"中心员工见证鹰号历史性的发射"（*Center employees saw Eagle crew lauch to history*），凯·格林特（Kay Grinter）］他很擅长这项工作。

**上图：** 阿波罗 11 号发射时，肯尼迪航天中心的发射控制室里，充满期待的发射控制人员透过（右侧）巨大的防爆窗向外看。

## 阿波罗 11 号发射

**下图：** 1969 年 7 月 16 日，阿波罗 11 号从位于佛罗里达州的肯尼迪航天中心发射升空，这是一张非常适合表现美国人爱国情怀的照片。火箭中间的卵形烟羽来自沸腾的第二级液体燃料。

## 陷进去的感觉

多年来，人们为这个话题争论不休：第一艘登陆月球的飞船和宇航员的命运会怎样？至少有一位科学家认为他们会陷入月壤中，地球上的人将再也听不到他们的声音。康奈尔大学有一位出生于维也纳的科学家名叫托马斯·戈尔德（Thomas Gold），他首次提出预言：月球表面会有一层尘埃。结果证明这是正确的。他后来提出，这一层尘埃可能深达 4 米甚至更厚，也许会给宇航员带来危险。幸运的是，他错了。戈尔德经常向正统科学提出不同意见，但他声称这给他带来的快乐微乎其微。他曾经说过："我不喜欢自己的异见者角色。"（引自康奈尔大学，2004 年 6 月 22 日发布的新闻稿）

**对页图：** 阿波罗 12 号任务中，艾伦·比恩（Alan Bean）踏上月球表面，他不用再担心会陷进月壤。

镜），他专注地盯着登月舱顶部的对接目标——一个白色圆盘上的金属"X"小标记。它变得越来越大，一时间似乎偏转到了一边，刮擦声紧接着传了过来。

指令舱前的探针滑入登月舱导轨。听到对接插销卡入位的声音后，柯林斯改变了飞行器的推力方向，拉出了登月舱。

阿波罗 11 号火箭的其余部分拖着登月舱纵列飞行，向着太空中的一个方向飞驰而去。大约三天之后，他们将到达月球——至少应该如此。

**下图：** 指令舱宇航员在座位上看到的景象。登月舱安置在 S-IVB 上面级内，等待和指令舱对接之后拉出。对接需要非常小心，否则会损坏登月舱。

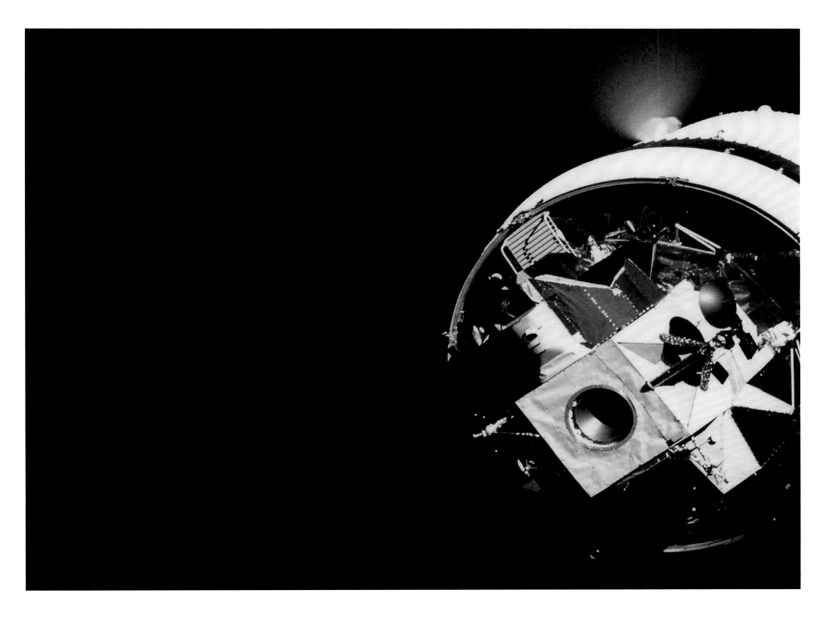

第15章

CHAPTER

FIFTEEN

接触指示灯亮了

他们已经在月球轨道上行进了很长时间，对两艘飞船进行了充分的检查，并宣布系统状态良好，可以启动有动力下降（Powered Descent Initiation，PDI）。这个程序将把登月舱送到月球表面着陆。

左图：从阿波罗 11 号登月舱鹰号上看到的哥伦比亚号指令 / 服务舱。

哥伦比亚号（指令 / 服务舱）前端的弹簧把登月舱推开，发出低沉的碰撞声。现在，宇宙飞船一分为二。柯林斯点燃推进器，调整自己的位置，阿姆斯特朗则把鹰号转到指令舱窗前，给他的指令舱飞行员柯林斯一个良好的视角，方便他观察登月舱。柯林斯观察登月舱并确认一切正常后，便向他们道别。"你们小心点……"他说。阿姆斯特朗则简洁地答道："回头见。"[ 出自《传播火种——一个宇航员的旅程》（*Carrying the Fire: An Astronaut's Journey*），迈克尔·柯林斯，1983 年 ]

在得到休斯顿方面的许可后，阿姆斯特朗将 PDI 程序输入登月舱的计算机，发动机开始燃烧，减速至脱离环月轨道的程度，开始下降。一开始，他们的高度是 15240 米，下降至 14021 米时，麻烦来了。

"程序错误！"阿姆斯特朗呼叫。随后，奥尔德林报告，这是 1202 号错误。任务控制中心的人们脸色苍白，互相看着对方——1202 号错误是什么？

然而，仅仅几秒钟之后，一名控制员通知飞控主任基恩·克兰茨，他们认为可以着陆。克兰茨非常信任他的控制员，他没有问为什么。于是，登月舱继续下降。

## 太空中最孤独的人

这可能是迈克尔·柯林斯被问到的第二多的问题。唯一一个排在前面的问题是："去月球感觉怎么样？"这一个是："当你在月球后面失去联系时，你不感到害怕 / 孤独 / 紧张 / 担心 / 等等吗？"他的回答就像一段日志："我现在是孤独的，这是真正的孤独，我与我熟悉的一切隔绝了，真的。如果数一下的话，30 亿 [1] 外加 2 个人在月球的另一边，这边只有一个人，只有上帝知道我在这里。我喜欢这种感觉。"（出自《传播火种——一个宇航员的旅程》）

右图：迈克尔·柯林斯在指令舱模拟器中的样子。控制面板上有数百个开关，请注意它们周围的小金属箍，这是为了避免颠簸造成开关意外触动而设计的。

[1] 世界银行数据，1969 年世界人口约 36 亿。——译者注

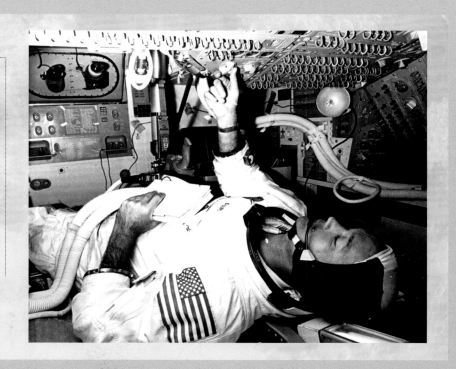

随后，当鹰号降落到 1524 米高的时候，警报又出现了，这次是 1201 号错误。这些计算机发出的信息是什么意思？只有一位名叫史蒂夫·巴勒斯（Steve Bales）的控制员似乎明白发生了什么。"我们可以继续……"他说。

他意识到问题在于计算机负荷太重，收到的信息太多。检查表中出现了一个错误，因此鹰号的宇航员没有关闭交会雷达。与此同时，着陆雷达正在向计算机发送信息，计算机有太多的事情要做。这导致它丢弃了一些数据，重新启动。

现在，另一个问题以一种戏剧性的方式摆到了登月舱里的宇航员面前。在他们的正下方，计算机要引导他们落在巨石堆积的地方，一些巨石有大型轿车那么大。阿姆斯特朗从计算机那里接过控制权，开始水平游弋，寻找一个平坦的降落地点。他一如既往地冷静，但他和奥尔德林都知道，没有多少燃料可供他们使用。如果不能在接下来的几分钟内着陆，他们将不得不放弃下降，点燃上升发动机，停止尝试。如果高度太低，他们甚至无法返回，只能撞向月球，带着登月舱变成金属薄片揉成的球和两个死人。

与此同时，奥尔德林的眼睛盯着电脑和姿态仪表，没有时间一瞥窗外的一切。他忙着向阿姆斯特朗和地面不停地汇报数据。

奥尔德林说："300 英尺 [1]，下降秒速 3.5 英尺，向前秒速 47 英尺。我们的燃料怎么样？""8%……"阿姆斯特朗的回答丝毫不带情绪，他只是在报告事实。

"220 英尺，向前秒速 13 英尺……向前秒速 11 英尺，下降良好。"当奥尔德林的数字传来时，任务控制中心一片寂静。

"60 英尺，下降秒速 2.5 英尺，向前秒速 2 英尺。"

很快，从 386160 千米外传来呼叫："60 秒……"阿波罗计划中的宇航员同事，太空舱通信员查尔斯·杜克 [2] 向他们发出警报，在强制中止之前，燃料仅能维持 1 分钟。阿姆斯特朗扫视了一下月面，绝望感向他的意识袭来。

随着下降发动机的烟羽撞向月球表面，灰尘开始在登月舱下面翻滚。"30 秒……"杜克像空军试飞员一样低声说道。

紧接着，地球上的人还没来得及惊慌失措，奥尔德林传来了愉快的声音。"接触指示灯亮了。"他清楚地说道。这意味着登月舱的一条腿触到了月面。阿姆斯特朗关掉发动机，伴随着轻轻的撞击声，鹰号降落到了月球表面。40 亿年的沉寂就此打破。

愣了一小会儿之后，阿姆斯特朗和奥尔德林握紧了手，两人的脸上洋溢着发自内心的激动。阿姆斯特朗打开了麦克风。

**❝** 柯林斯在准备分离哥伦比亚号指令舱和鹰号登月舱时说："你们这些小猫在月面放轻松。如果我听到急促的喘息声，我可要对你们发牢骚了。"

——《传播火种——一个宇航员的旅程》 **❞**

对页图：分离之后，在有动力下降启动前，鹰号会在哥伦比亚号前缓慢旋转，这样柯林斯可以获得良好的视角，方便判断鹰号的状态。尤其值得关注的是着陆腿：它们需要完全展开并锁定，否则着陆可能会变成一场灾难。

左图：登月舱鹰号外的景色，该照片拍摄于着陆之后。虽然从地质学角度看这是一个索然无味的地区，但它相对平坦，可以安全着陆。对于首次登月来说，这已经足够好了。

[1] 1 英尺约等于 0.305 米。——编者注

[2] 查尔斯的昵称为查理。——编者注

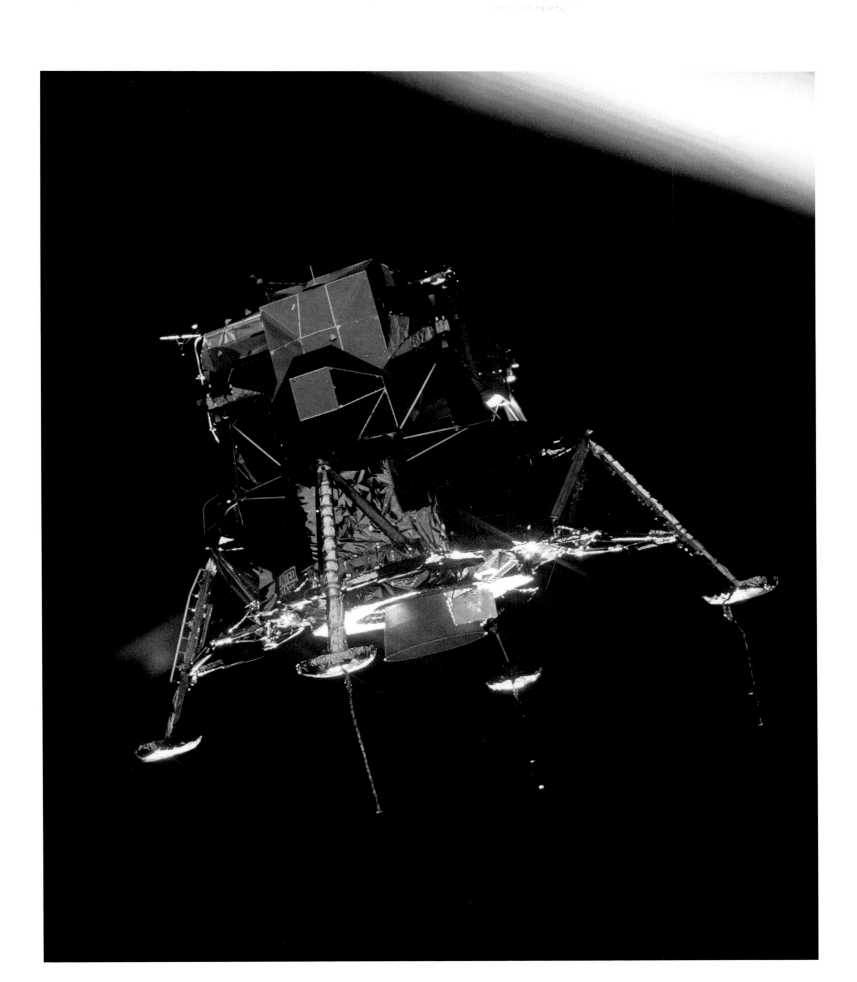

## 阿波罗 11 号下降地图

　　阿波罗 11 号的下降地图由一组在月球轨道拍摄的照片组成。NASA 为阿姆斯特朗着陆准备了最好的图片。实线表示最佳轨迹。地图要从右往左看，毛奇环形山和萨宾 B 环形山附近的会聚处就是位于静海的预定着陆地点。

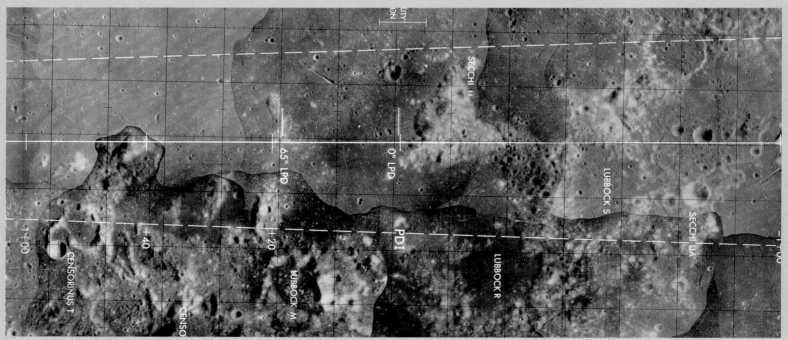

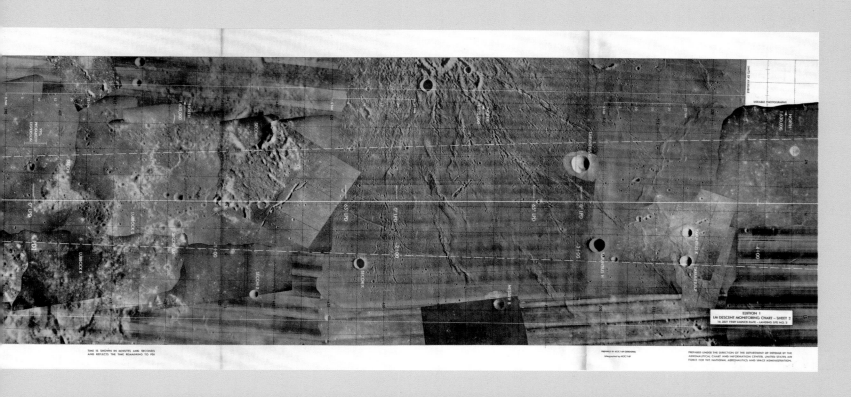

EDITION 1
LM DESCENT MONITORING CHART – SHEET 2
16 JULY 1969 LAUNCH DATE – LANDING SITE NO. 2

TIME IS SHOWN IN MINUTES AND SECONDS
AND REFLECTS THE TIME REMAINING TO PDI

PREPARED UNDER THE DIRECTION OF THE DEPARTMENT OF DEFENSE BY THE
AERONAUTICAL CHART AND INFORMATION CENTER, UNITED STATES, AIR
FORCE FOR THE NATIONAL AERONAUTICS AND SPACE ADMINISTRATION.

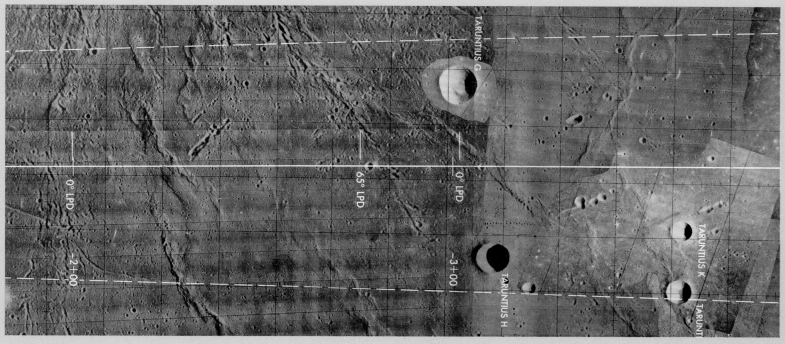

## 燃料接头

着陆后不久，任务控制中心的一个控制台开始显示异常读数。月球舱底部下降级的一条燃料管线压力在不断增加。如果这种情况持续下去，管道可能破裂，下降级甚至可能爆炸。休斯顿通知了宇航员，但在大家头疼之前，下降级发动机的潜热融化了燃油管路外的冰，压力下降，一切回复正常。接着，宇航员就要在月球漫步了。

**对页图和下图：** 阿波罗 14 号登月舱的下降级，它与阿波罗 11 号那个燃料接头被冻结的登月舱相同。

"休斯顿，这里是静海基地……鹰号已经着陆。"

一贯沉稳克制的任务控制中心顿时充满了欢呼雀跃的声音。基恩·克兰茨后来承认，他向下看了看自己的手掌才发现，无意中他已经把铅笔折成两节。

"我们收到了，鹰号，"查尔斯·杜克说，"我们下面这群人紧张得脸都要憋紫了……现在我们终于又可以呼吸了，非常感谢！"

全世界有 6 亿人在电视上观看或者通过收音机收听了着陆过程，大家齐声欢呼。阿波罗 11 号完成了不可能的任务——人类登上了月球。

## 阿波罗 11 号着陆

**下图：** 当阿波罗 11 号着陆时，国旗、雪茄和欢呼声打破了休斯顿任务控制中心神圣肃穆的气氛。照片中间的是克里斯·克拉夫特（Chris Kraft），任务运营主任。

第16章

C H A P T E R

S I X T E E N

壮 丽 的 荒 凉

着陆月球大约六个半小时后，尼尔·阿姆斯特朗距离成为第一个踏上另一个星球的人只有一步之遥。他花了点时间爬下梯子，然后站到了碗状的着陆支脚上。

他转过身，目光投向登月舱阴影外被照亮的月球。"我现在要踏出登月舱了……"他平静地说。接着，他的靴子接触到了满是灰尘的月面："这是一个人的一小步，却是人类的一大步。"这是 20 世纪最受争议的名言之一，因为阿姆斯特朗要说的是，"这是一个人的一大步。"要么他说漏了一个字，要么当时无线电信号漏掉了什么。尽管仔细检查后大多数人觉得他当时说错了，但没人敢肯定。

登上月球之后，阿姆斯特朗确认了他们可以在月面安全停留，他检查了登月舱着陆支脚的位置，保证宇航员能在最后离开时爬上梯子。紧接着，他用铲子铲起一把土壤和砾石作为"应急样本"，装在口袋里以供分析。这是为预防他们遇到紧急情况必须马上撤离而随机采集的一把月球土壤。

最终一切都好。任务顺利，人员安全，不到半小时后，奥尔德林就也踏上了月球，和阿姆斯特朗会合。他们留下了下面的对话：

奥尔德林："景色真美。"

阿姆斯特朗："这可了不得，不是吗？这外面是一片壮丽的景象。"

[ 若有所思的沉默。]

奥尔德林："壮丽的荒凉。"

说出这话的人一点也不像诗人，但这比任何语言都贴切地描述了人类眼中后阿波罗时代月球的模样。

下图：这是现代航天探险最著名的照片之一，照片中的宇航员是埃德温·巴兹·奥尔德林。

人类的一大步

## 尼尔在哪儿？

在阿波罗 11 号任务中，宇航员在月球上行走了两个半小时，但奥尔德林没有给他的搭档阿姆斯特朗拍哪怕一张照片。在各次月球漫步中，这是唯——次出现这种情况，没有人解释过这是为什么。有人猜测，奥尔德林可能对安排他第二个登上月球感到不快，但考虑到他的奉献精神和专业态度，这似乎不大可能。

**右图：**虽然没有阿姆斯特朗在舱外活动的照片，但当他们回到月球舱时，奥尔德林为搭档拍下了这张照片，他神情疲惫但十分高兴。

接着，历史上第一批登上月球的两个人要开始工作了。在月球表面停留的时间只剩下不到两个小时，但他们还有很多事情要做。他们竖起了一面美国国旗，它只能勉强插在薄薄的月壤中。时间飞快地流逝，接下来休斯顿通知他们，尼克松总统正在"线上"，等着祝贺他们。奥尔德林大吃一惊，显然阿姆斯特朗忘了告诉他会有总统致电。通话中，尼克松照例说了些套话，对他们表示祝贺，还邀请他们到白宫参加晚宴。

之后，宇航员继续工作。他们需要把阿波罗早期科学实验包（Early Apollo Scientific Experiments Package, EASEP）搭建起来。这套装置在月球上仅此一例。（使用了不同仪器的后续版本被称为阿波罗月面实验装置，即 ALSEP。）整个实验包必须被小心地安置在平坦的地面上，安装过程中，精度极为重要。虽然他们很小心，但安装完成时，这个崭新的设备已经覆满了细密的灰尘，和他们的宇航服一样，变成了深灰色。

他们详细检查了登月舱的情况，也检查了一些记录了的岩石和土壤采样，转眼就到了该回去的时候。两人花了不到一个小时的时间回到登月舱，疲惫但快乐。舱门关闭，舱室增压。这是漫长的一天——他们在约 11 小时前脱离环月轨道，在月球表面逗留了两个半小时。

登月舱狭小而嘈杂，助推器发出嗡嗡声，冷却液发出咕噜声。在一段不那么舒服的小憩之后，宇航员到了准备出发的时候。两人按检查表仔细检查了一番，然后在得到休斯顿的放行指令后，他们把上升激活程序输入制导计算机。绿色的"99"信号向他们闪烁，这是阿波罗制导计算机在询问："你确定要这样做吗？"阿姆斯特朗按了"继续"按钮。在一段不长的计时之后，连接上升级和下降级的爆炸螺栓炸开，下面的刀片切断了结实的连接线束，上升级发动机中的两个小阀门旋转打开，上升级可以起飞了。

**对页图：**奥尔德林带着阿波罗早期科学实验包（EASEP）的组件。阿波罗早期科学实验包是阿波罗 11 号宇航员留在月球表面的实验包。

**左图：**奥尔德林的足迹。月亮上的尘粒飞离靴子的样子，还有靴印的黏性都让他着迷。

随着每阶段燃料消耗的变化，登月舱不断调整获得新的平衡，上升级沿着一条摇摆的轨迹上升。很快，运行轨迹变得平滑，宇航员们进入了预定轨道。在两舱对接的几小时里，他们把将近 23 千克的月球岩石和月表岩心样本，以及相机底片盒和其他装备转移到了指令舱，之后再和鹰号分离，柯林斯启动了服务舱推进发动机，带他们脱离月球轨道，加速返回地球。

柯林斯是第二个在地球轨道之外体验过与世隔绝的人（第一个是阿波罗 10 号上的约翰·杨），也是第一个苦苦担忧上升发动机会把他的同事永远困在月球上的人。现在，他终于可以放松一下了。他没有告诉其他宇航员，他曾认为他们成功的机会只有一半。他终于等到了一个令人开心的结局。

还没反应过来，他们已经到家了。接下来，等待他们的是彩带游行和世界巡游，太空飞行任务中再也没有了他们活跃的身影，他们从一线退了下来。不管怎样，他们出色地完成了使命，世界从此再不一样。人类已然能够踏足月球了。

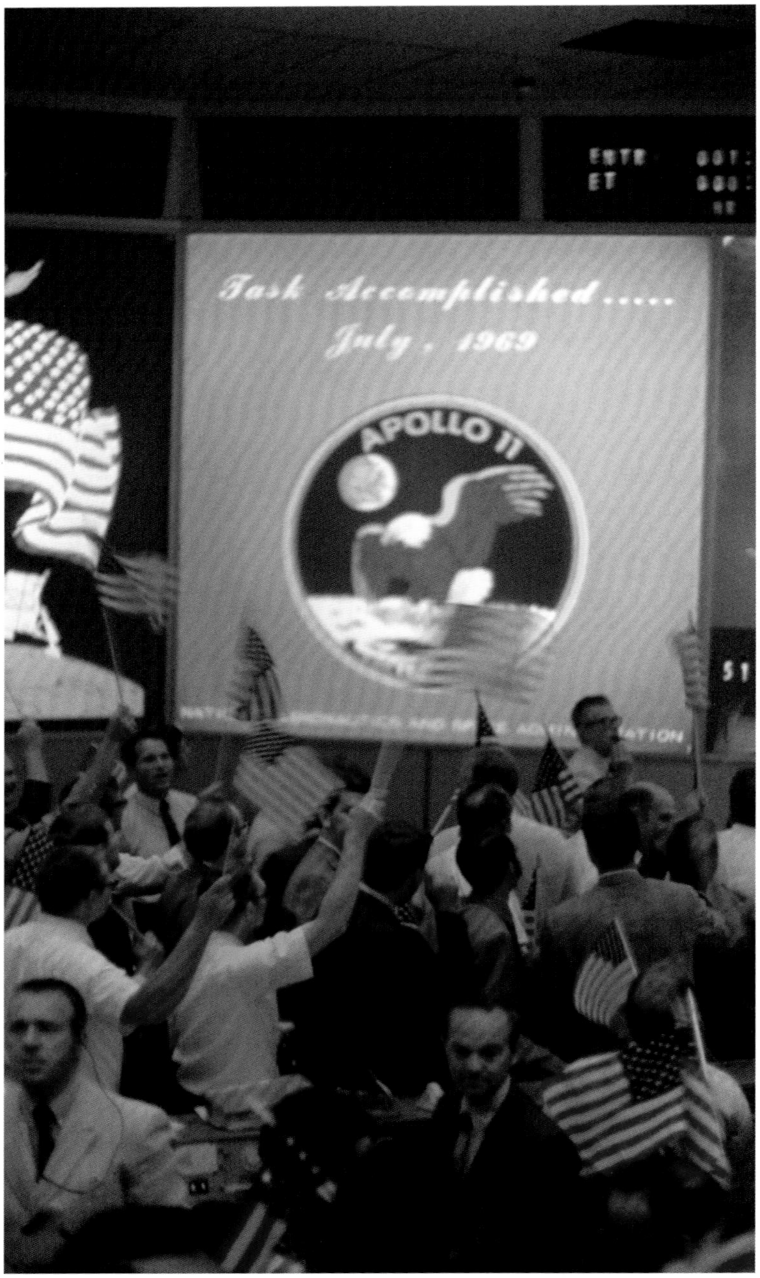


上图：阿波罗 11 号任务期间，这样喜气洋洋的场面第二次出现在任务控制中心。宇航员完成了溅落，此刻正赶往夏威夷。

## 海关

尽管这不是一次通常意义上的旅行，但阿波罗 11 号的宇航员在返回美国的途中会经过夏威夷，他们依然要进行海关申报。他们毕竟离开了美国，所以填这些表是他们的义务。这看起来很奇怪，甚至有些愚蠢，但规则就是规则，他们也很乐意遵守，能够回家他们就很高兴了。他们带回了些什么？“月岩和月尘，样品”——这些都是免税的。

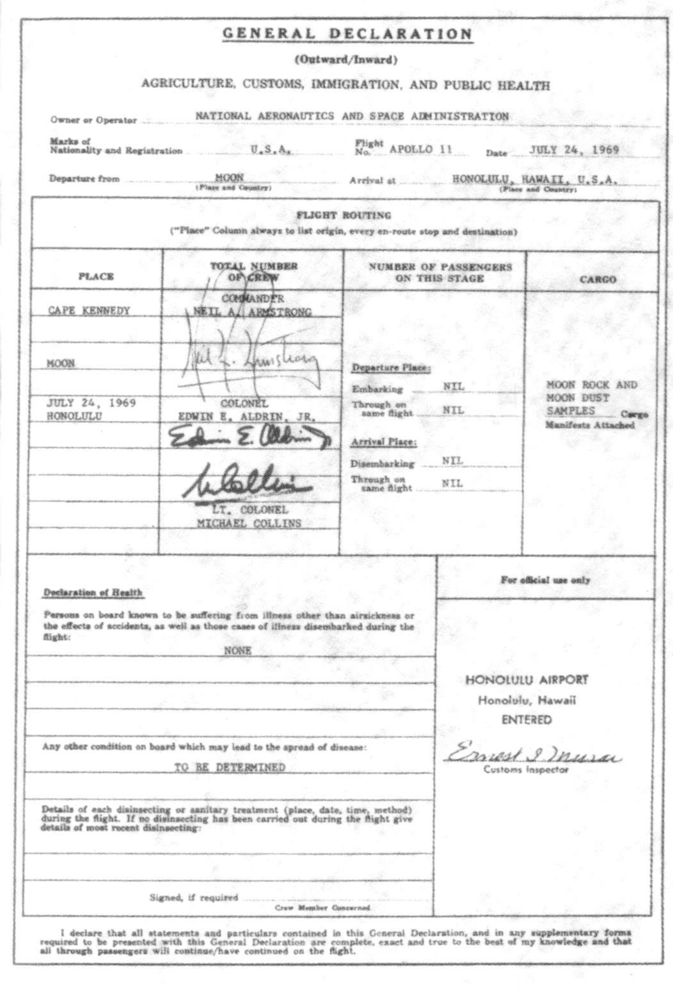

GENERAL DECLARATION

(Outward/Inward)

AGRICULTURE, CUSTOMS, IMMIGRATION, AND PUBLIC HEALTH

Owner or Operator: NATIONAL AERONAUTICS AND SPACE ADMINISTRATION

Marks of Nationality and Registration: U.S.A. Flight No. APOLLO 11 Date JULY 24, 1969

Departure from MOON (Place and Country) Arrival at HONOLULU, HAWAII, U.S.A. (Place and Country)

FLIGHT ROUTING

("Place" Column always to list origin, every en-route stop and destination)

| PLACE | TOTAL NUMBER OF CREW | NUMBER OF PASSENGERS ON THIS STAGE | CARGO |
|---|---|---|---|
| CAPE KENNEDY | COMMANDER NEIL A. ARMSTRONG | | |
| MOON | | Departure Place: Embarking NIL; Through on same flight NIL | MOON ROCK AND MOON DUST SAMPLES Cargo Manifests Attached |
| JULY 24, 1969 HONOLULU | COLONEL EDWIN E. ALDRIN, JR. | Arrival Place: Disembarking NIL; Through on same flight NIL | |
| | LT. COLONEL MICHAEL COLLINS | | |

Declaration of Health

Persons on board known to be suffering from illness other than airsickness or the effects of accidents, as well as those cases of illness disembarked during the flight:

NONE

Any other condition on board which may lead to the spread of disease:

TO BE DETERMINED

Details of each disinsecting or sanitary treatment (place, date, time, method) during the flight. If no disinsecting has been carried out during the flight give details of most recent disinsecting:

Signed, if required ........ Crew Member Concerned

For official use only

HONOLULU AIRPORT
Honolulu, Hawaii
ENTERED

Customs Inspector

I declare that all statements and particulars contained in this General Declaration, and in any supplementary forms required to be presented with this General Declaration are complete, exact and true to the best of my knowledge and that all through passengers will continue/have continued on the flight.

上图：阿波罗 11 号的宇航员填写的海关申报表。

## 阿波罗 11 号任务报告

阿波罗 11 号任务报告于 1969 年 11 月发布，距离首次成功登月三个月。这次任务的总体评价是"优秀"。

NATIONAL AERONAUTICS AND SPACE ADMINISTRATION

APOLLO II

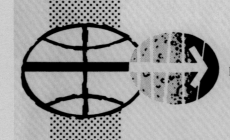

MANNED SPACECRAFT CENTER HOUSTON, TEXAS

## 3.0 MISSION DESCRIPTION

The Apollo 11 mission accomplished the basic mission of the Apollo Program; that is, to land two men on the lunar surface and return them safely to earth. As a part of this first lunar landing, three basic experiment packages were deployed, lunar material samples were collected, and surface photographs were taken. Two of the experiments were a part of the early Apollo scientific experiment package which was developed for deployment on the lunar surface. The sequence of events and the flight plan of the Apollo 11 mission are shown in table 3-I and figure 3-1, respectively.

The Apollo 11 space vehicle was launched on July 16, 1969, at 8:32 a.m. e.s.t., as planned. The spacecraft and S-IVB were inserted into a 100.7- by 99.2-mile earth parking orbit. After a 2-1/2-hour checkout period, the spacecraft/S-IVB combination was injected into the translunar phase of the mission. Trajectory parameters after the translunar injection firing were nearly perfect, with the velocity within 1.6 ft/sec of that planned. Only one of the four options for midcourse corrections during the translunar phase was exercised. This correction was made with the service propulsion system at approximately 26-1/2 hours and provided a 20.9 ft/sec velocity change. During the remaining periods of free-attitude flight, passive thermal control was used to maintain spacecraft temperatures within desired limits. The Commander and Lunar Module Pilot transferred to the lunar module during the translunar phase to make an initial inspection and preparations for systems checks shortly after lunar orbit insertion.

The spacecraft was inserted into a 60- by 169.7-mile lunar orbit at approximately 76 hours. Four hours later, the lunar orbit circularization maneuver was performed to place the spacecraft in a 65.7- by 53.8-mile orbit. The Lunar Module Pilot entered the lunar module at about 81 hours for initial power-up and systems checks. After the planned sleep period was completed at 93-1/2 hours, the crew donned their suits, transferred to the lunar module, and made final preparations for descent to the lunar surface. The lunar module was undocked on time at about 100 hours. After the exterior of the lunar module was inspected by the Command Module Pilot, a separation maneuver was performed with the service module reaction control system.

The descent orbit insertion maneuver was performed with the descent propulsion system at 101-1/2 hours. Trajectory parameters following this maneuver were as planned, and the powered descent initiation was on time at 102-1/2 hours. The maneuver lasted approximately 12 minutes, with engine shutdown occurring almost simultaneously with the lunar landing in the Sea of Tranquillity. The coordinates of the actual landing point

A-12

NASA-S-69-3797                                     Figure A-1.- Extravehicular mobility unit.

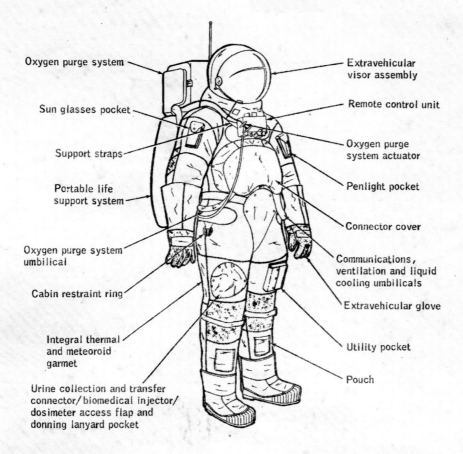

Oxygen purge system

Sun glasses pocket

Support straps

Portable life
support system

Oxygen purge system
umbilical

Cabin restraint ring

Integral thermal
and meteoroid
garmet

Urine collection and transfer
connector/biomedical injector/
dosimeter access flap and
donning lanyard pocket

Extravehicular
visor assembly

Remote control unit

Oxygen purge
system actuator

Penlight pocket

Connector cover

Communications,
ventilation and liquid
cooling umbilicals

Extravehicular glove

Utility pocket

Pouch

After reaching the Manned Spacecraft Center, the spacecraft, crew,
and samples entered the Lunar Receiving Laboratory quarantine area for
continuation of the postlanding observation and analyses.  The crew and
spacecraft were released from quarantine on August 10, 1969, after no
evidence of abnormal medical reactions was observed.

第 17 章

CHAPTER

SEVENTEEN

来自月球的欢笑声

参与阿波罗 12 号任务的这组宇航员有点不一样。他们是指令长皮特·康拉德、登月舱飞行员艾伦·比恩、指令舱飞行员迪克·戈登（Dick Gordon）。三人是很好的朋友，由衷地互相欣赏。

---

　　康拉德的性格促成了这种关系，让他们三人在愉快的氛围中完成了整个任务。

　　1969 年 11 月 14 日，这次任务在发射期间出现了唯一一次紧急事件。升空后大约 36 秒，指令舱内出现了轻微的撞击声，数十个警示灯突然亮起。没有人遇到过这种情况，哪怕是在最恶劣的模拟中也没有。一名名叫约翰·亚伦（John Aaron）的地面技术人员在比恩的帮助下找到原因并解决了这个问题。他们被闪电击中了两次，但是指令舱似乎没有遭受任何损坏。和往常一样，在这段时间里，宇航员不停地拿这件事开玩笑。

　　在一段飞向月球的悠闲航程之后，康拉德和比恩爬进登月舱，沿着阿波罗 11 号的足迹，开始向月球表面下降。

　　和阿姆斯特朗一样，康拉德在最后几百米切换到了登月舱的手动控制模式。但是阿姆斯特朗掠过了他的既定着陆点，而康拉德想要完成一次精确的着陆。一个不够优秀的人抱着这个想法可能会葬身太空。然而，随着他们缓缓着陆，康拉德意识到他做到了。在他们即将落地时，他和比恩都看到了三年前发射的勘测者 3 号(Surveyor 3)[1]静静地停在附近。如果条件允许，找到勘测者 3 号并从上面剪下一块带回地球研究也是他们的任务。

　　但是，康拉德得先踏上月球表面。对此，他有特别的安排。

　　每个人都想知道谁为宇航员编写了剧本。阿姆斯特朗在阿波罗 11 号任务中留下千古名句之后，人们对第二个登上月球的指令长第一句要说什么充满了期待。

　　但康拉德不是阿姆斯特朗，这也不是历史意义重大的首次登月。不过，优秀的飞行员总会在试飞前和人打赌，而且必须赌赢，这是传统。康拉德前几周也在地面上打了赌。当他从梯子上下来，踏上风暴洋尘土飞扬的月面时，他给了所有人一个惊喜。

上图：阿波罗 12 号的三个伙伴。左起：指令长皮特·康拉德、指令舱飞行员迪克·戈登、登月舱飞行员艾伦·比恩。他们是阿波罗计划中关系最密切的团队，也是一生相互陪伴的密友。

左图：阿波罗 12 号任务的徽章上画着一艘洋基帆船。这是一种 19 世纪的美国货船，速度快而敏捷。指令长康拉德觉得这个形象很适合"代言"他的指令／服务舱，于是它也被命名为"洋基帆船"。

---

[1]　勘测者号系列无人月球探测器又译作测量员号或勘察者号。——译者注

## 检疫！

虽然 NASA 私下对这个想法表示了不满，但确实有一部分普通人害怕来自月球的细菌在地球上引起流行病，工作人员不得不让（阿波罗 11 号、阿波罗 12 号和阿波罗 14 号任务的）早期的登月宇航员进行近三周的隔离。当宇航员离开溅落在水面上的太空舱时，他们都要穿上橡胶生物服，被密封在一辆气密拖车里。在阿波罗 14 号之后，由于没有污染报告，这种做法被中止了。然而，人们的确在阿波罗 12 号任务带回的勘测者 3 号照相机上发现了细菌，但这些有机体来自地球，叫轻型链球菌（Streptococcus mitis）。它们跟着飞船去了月球，在上面待了 3 年又回来了，一路幸存下来。它们会导致喉咙肿痛，此外就没什么了。

上图：理查德·尼克松总统探访被隔离的阿波罗 11 号宇航员。

上图：就在刚刚发射后，闪电击中了阿波罗 12 号——两次。指令舱报警灯亮了，中止任务成了此时的一个选项。但宇航员保持冷静并解决了这个问题，继续乘坐火箭进入轨道。

右图：康拉德在勘测者 3 号旁边，完成阿波罗 12 号任务的一个重要目标。他会拆下上面的摄像机，并把它带回地球进行研究。

"这对尼尔来说可能是一小步，但对我来说这肯定是一大步！"这是康拉德留给历史的第一句话。他身高 167 厘米，而阿姆斯特朗身高 183 厘米。休斯顿的一些飞控人员微笑着摇了摇头，这句话说得真经典。

很快，他和比恩就都登上了月面，开始努力工作。他们将进行两次月球漫步。但和所有任务一样，宇航员的时间表都填得满满的，没有任何犯错误的余地。当他们试图整理 ALSEP 的电源时，比恩慢条斯理地说出了他的麻烦，把休斯顿方面搞得精神紧张。

比恩："别动，你一定是在开玩笑。"
康拉德："一定要把它拧到底……"
比恩："那会让人发疯的，你知道吗？"
康拉德："是的。"
比恩："给我一分钟让我把它解开，换一种方式再试试……"

比恩一直试图从登月舱侧面的一个套管——也可以说是一个桶——中拔出一根放射性燃料棒。如果阿波罗 12 号在发射过程中由于某种原

## 对月球着陆的改进

在经历了阿波罗 11 号登月最后阶段的漫长折磨之后，人们认为阿波罗 12 号的"盘旋"时间延长哪怕一点都可能帮上康拉德精准着陆计划的大忙。这份备忘录写于阿波罗 11 号着陆后一个多星期，其中描述了一种方法，能为阿波罗 12 号的宇航员保留更多燃料用于着陆，争取更宽裕的时间。事实证明，康拉德并不需要它。

OPTIONAL FORM NO. 10
MAY 1962 EDITION
GSA FPMR (41 CFR) 101-11.6

NASA - Manned Spacecraft Center
Mission Planning & Analysis Division

UNITED STATES GOVERNMENT

# *Memorandum*

TO : FM/Assistant Chief, Mission Planning
and Analysis Division

DATE: JUL 2 9 1969
69-FM8-71

FROM : FM8/Advanced Mission Design Branch

SUBJECT: Improving the lunar landing accuracy of Apollo 12

It is suggested that the flight plan for Apollo 12 be modified to
permit a reduction in PDI navigated state uncertainties and to
increase the hover and translation capability.  This can be accomplished
by performing the DOI maneuver with CSM propulsion three revolutions
prior to PDI.  The LM $\Delta V$ normally used for DOI is then available to
extend the hover and translation capability by about 14 seconds.  The
PDI navigated state should be improved since the results of the actual
DOI maneuver can be tracked for two front side posses and the LM
state updated on the third pass prior to PDI.

The LM and CSM should remain docked during the first two passes in
the 60 x 8 orbit with LM separation occurring just prior to the third
apolune passage.  The CSM will circularize at the third apolune passage.
The abort and LM rescue situation remains the same as in Apollo 11.

The implementation of this technique should be started with MPAD
obtaining answers to the following questions:

(a) Can the timeline be modified to accommodate this technique
for Apollo 12?

(b) Is there sufficient SPS reserve to accommodate the additional
150 fps $\Delta V$ requirement?  Are there any SM/RCS problems?

(c) What is the expected landed dispersion prior to manual take over?

(d) What is the expected translation distance capability?

James J. Taylor

APPROVED BY:

Jack Funk

Jack Funk
Chief, Advanced Mission
Design Branch

cc: (see attached list)

INDEXING DATA

| DATE | OPR | # | T | PGM | SUBJECT | SIGNATOR | LOC |
|------|-----|---|---|-----|---------|----------|-----|
| 07-29-69 | MSC | 69-FM8-71 | M | LMP | (ABOVE) | J. TAYLOR | 071.53 |

*Buy U.S. Savings Bonds Regularly on the Payroll Savings Plan*

因发生爆炸，那么这个容器可以防止放射性尘埃落到地面。这个燃料棒是用来给 ALSEP 的实验装置供电的，但它紧紧卡住了。如果没有它，很多任务都无法圆满完成。

试也试过了，骂也骂过了，康拉德拿出他所谓的"万能工具"，走向登月舱。比恩担心地看着他。比恩说："不要砸东西。"康拉德向他保证："不，不，我不会的……"

康拉德戴着手套，拿着一把锤子，看上去他要动真格的了。

在接下来的大约 10 分钟，他轻轻地敲击，试图把卡住的燃料棒从保护套中拔出来，但还是没有成功。没过多久，他们就把警告过自己的事抛在了脑后。

比恩："嘿，就是这样！再砸几下……再重点儿。继续，快出来了……再使劲砸！"

康拉德："正在继续。"
比恩："你看，康拉德！锤子是万能工具。"
康拉德："毫无疑问。"

几分钟后，危险的同位素燃料棒被安置在 ALSEP 中，开始供电。康拉德砸碎了防护桶，但没人在乎这个了。ALSEP 已经有了燃料，可以准备工作了。它将在未来数年间传回数据。这些数据极其珍贵。

他们的另一个重要任务是找到并考察勘测者 3 号。3 年前，这台探测器机就停在了一个撞击坑的内侧斜坡上，NASA 的科学家想从这里取样，看看月面上的高温、低温以及微陨石对它产生了什么影响。

他们要找的东西就在一个撞击坑的斜坡下，这个撞击坑被康拉德称为"勘测者撞击坑"。当他们到达这里时，康拉德取下了勘测者 3 号上三个细长臂支撑着的电视摄像机。这并不容易，他气喘吁吁地弄了一阵，并且用上了让他出名的那句粗话（现在知道这个的人不多了），终于把摄像机取了下来。他把它装进一个袋子里，然后回到登月舱。这时离飞离月球只有几个小时了。

当他们与指令舱对接上时，三人都为能够重聚而松了一口气。接着，他们点燃发动机，脱离了月球轨道，进入地月转移轨道，一路笑着回家。

对页图：比恩努力将同位素燃料棒从登月舱的安全容器中取出来。这个容器之所以这样设计，是为了防止高放射性的燃料在发射阶段遭遇爆炸并扩散。当他们登上月球时，它死死卡住了，只有康拉德的锤子才能让它出来。

## 违禁品

康拉德一点也不腼腆，他的恶作剧和俏皮话水准堪称传奇般。他试图在阿波罗 12 号登月时来点恶作剧，但他的运气用完了。他在私人物品中偷运了一个照相机的自拍定时器，计划在登月舱附近拍一张自己和比恩的合影，这是 NASA 照相机无法完成的壮举。当他们进行舱外活动时，他把定时器扔进了一个袋子。回到登月舱之后，他和比恩试图找到定时器，但它被袋子里的月壤和岩石埋了起来，找不到了。就这样，他们失去了在月球上搞第一个恶作剧的机会！

右图：星条旗竖立在月球上。不过，这一次，探险家们能够把旗杆插得更深，在升空时旗杆也没有像阿波罗 11 号那样倒下来。康拉德展开了国旗，这是一个严肃的时刻。月球上没有那么多空气能让旗子"飘动"，所以要用一根贯穿顶部的金属丝把旗子举起来。

第18章

C H A P T E R

E I G H T E E N

一 次 成 功 的 失 败

基恩·克兰茨过了一段不错的日子。他凝视着自己的任务日志，想确定如何记录发生的事情。那么，要是任务真的以 13 编号，又在 1970 年 4 月 11 日的 13 点 13 分发射怎么办呢？

---

阿波罗任务飞控主任克兰茨并不相信黑猫现身、镜子破裂之类的不吉之兆。据他所知，NASA 没有人信这些。有些热心群众给他们寄信，提出给任务改名，或者在火箭发射之前加些祝福，但这些他们都一一忽略了。但他仍然不知道该怎么写这篇任务日志。4 月 15 日，本该十分寻常的任务进行到第 55 小时，随着指令舱中某些东西"砰"地爆开，场面突然陷入一片混乱。

这场现在已经家喻户晓的事故其实可以溯源至阿波罗 10 号。指令舱背后的服务舱是一个大型的圆柱体，包含全部燃料和生命支持系统。其中一个大型液氧舱在阿波罗 10 号任务中经过了移除和改造。改造后的氧气罐装回了阿波罗 13 号，在没有进行更多测试的情况下被宣布适航。一颗定时炸弹就这样埋下。

根据设计，阿波罗飞船中的氧气罐会在绝热状态下存放液氧。低温下，液氧十分黏稠，所以为了保证流动性，让指令舱飞行员能随时搅拌这些燃料，液氧舱中安装了加热器和扇叶。起初，这一系统是按照 NASA 标准的 28 伏电压进行制造的，随后系统升级到 65 伏，但这个氧气罐不知为何没有进行改造。在事故发生之前几个月，技术人员还曾用其中的加热器蒸发液氧，结果把恒温器熔断了，烧焦了线缆的绝缘层。

厄运已经注定。在第 55 小时，当休斯顿发出让宇航员搅拌液氧的指令之后，线路打出了火花，整个氧气罐爆炸了，炸飞了半个服务舱。3 小时后，除了登月舱之外，整个阿波罗飞船上已经没有氧气了。如果是阿波罗 8 号发生同样的事故，没有登月舱可用的宇航员将无路可逃。

上图：在阿波罗 13 号任务徽章上，三匹公马拉着太阳神阿波罗的战车穿过太空。上面的拉丁文意思是"科学，从月球而来"。

左图：发射前夜的阿波罗 13 号。图中没有出现即将引发事故的氧气罐，它位于火箭顶部的服务舱之中。

## 参议院航天委员会

当洛弗尔在参议院航天委员会做证发言时，他面对的听众各有各的想法。有些人想让阿波罗飞船尽快再次起飞，还有些人则觉得NASA做得足够多了，应该放弃后续的月球之旅。大家都为宇航员的安全归来感到欣慰。这次会议在宇航员和所有任务控制团队成员获得总统自由奖章之后约一周举行。

右图：阿波罗13号指令长在参议院航天委员会的特殊会议上接受询问。在他身后的是日后担任NASA主管的汤姆·潘恩（Tom Paine）。

于是指令长洛弗尔、指令舱飞行员杰克·斯威格特和登月舱飞行员弗雷德·海斯（Fred Haise）迅速转移到了登月舱中，在剩下的行程中把它用作救生舱。

用登月舱的下降发动机（这一设备在设计时并没有考虑这样的用途）调整航线之后，他们进入了"自由返航"轨道，可以绕过月球返回地球，而不进入环绕轨道。

但他们仍要面对很多令人烦恼的问题。

最大的问题是缺水。阿波罗的所有系统都需要通过水进行冷却。尤其在登月舱上，乙二醇制冷剂会经过发热的电子元件，再由排到太空中的水进行冷却，热量随着水的蒸发被带走。如果水都耗尽了，整个飞船会过热关闭，所以对水的节约利用达到了极端的程度。

接下来就是空气的问题。飞船由纯氧加压，但登月舱的氧气存量不足，很难持续到他们飞回地球。此外，如果宇航员没有办法处理舱内不断上升的二氧化碳浓度，那么等待他们的会是窒息。登月舱的生命维持

对页上图：阿波罗13号宇航员和登月舱在模拟环境中接受测试。这里的一切都和月球表面十分接近。

下图：危急时刻的任务控制中心，大屏幕上显示的是焦虑不安的海斯。

> ❝ 唉——，我担心这会是未来很长一段
> 时间内最后一次月球任务了。❞
>
> ——爆炸发生几小时后的吉姆·洛弗尔

## ● 休斯顿，我们这里出了问题

下图：阿波罗 13 号宇航员报告了氧气罐引发的问题，图中显示了几个小时后，任务控制室中通信团队几名成员的状态。

系统里有几个可以处理二氧化碳的化学过滤器，但他们也需要指令舱中的过滤器。问题在于，指令舱中的过滤器设计匹配方形接口，登月舱上的过滤器使用的是更紧凑的圆形接口。这样设计原本没有什么问题，但在遭遇紧急情况时，这点不同也许会带来致命的后果。地面团队快速响应，提出了一个临时方案，用飞行计划书的封面、一些塑料袋、一只袜子和一些胶带把方形的过滤器固定在了登月舱的圆孔上。他们管这个东西叫作"邮箱"，运气不错，这东西好用。

不久之后，他们又开始为导航问题头疼。在如此快的飞行速度下，要以正确的角度进入地球大气需要灵巧而精确的制导。阿波罗指令舱要先短暂地进入大气层中，在浓密的大气中"跳跃"减速，再重新再入大气层。阿波罗 13 号现在并不在这条轨道上，所以宇航员还需要再次为登月舱下降殷勤点火以修正轨道。

即使一切正常，在太空中导航也不是一件易事，何况他们现在无法使用计算机进行导航。洛弗尔在导航望远镜中瞄准地球，将十字准星对准母星边缘。在最乐观的情况下，这也算不上精确，但按照任务控制中心的意思，这个精度足够了。原本他们会通过瞄准恒星进行导航，但爆炸在飞船周围留下了太多碎渣。

就在再入大气层之前，他们失去了服务舱，三个宇航员吓得不轻。

洛弗尔："整个飞行器的半边都不见了！"

太空舱通信员："有问题吗？"

洛弗尔："你自己看看好吗？就在高增益天线的边上，基本上整个面板都被炸飞了，从发动机根部开始。"

幸运的是，爆炸和太空中的低温都没有破坏飞船的隔热瓦和减速伞的发射药，于是，不到 1 小时，他们降落到了太平洋上，等待海军救援。

对他们每一个人而言，这都是最后一次太空飞行。洛弗尔去其他机构就职。斯威格特赢得了科罗拉多州的议员选举，但在就职之前死于癌症。只有海斯仍然留在 NASA，进行了几次降落试飞之后，他在航天飞机进入运行状态之前离开了 NASA。

他们计划在月球上降落的区域被交给了下一次飞行任务，阿波罗 14 号。

顶图：这就是"邮箱"，由指令舱中的氢氧化锂罐、一些纸板、一只袜子和一些胶带组合而成。

上图：1970 年 4 月 17 日，阿波罗 13 号指令舱在太空中与死亡擦肩而过，之后溅落大海。宇航员再入大气时经历的无线电中断比通常情况长一些，这引发了任务控制中心的担忧。不过，不久之后宇航员就坐到了救援直升机中，等待他们的是热水澡、干净衣服和热乎乎的饭菜。

对页上图：再入前脱落的服务舱。宇航员被他们见到的情况吓得目瞪口呆——出故障的氧气罐爆炸，炸飞了服务舱一块巨大的面板。

# 电影《阿波罗 13 号》

　　1995 年的电影《阿波罗 13 号》很好地讲述了阿波罗 13 号任务的故事。不过，要将若干天的太空飞行压缩到一部 2 小时的电影中，一些艺术化改动不可避免。下面举几个例子：

　　克兰茨没有说过"绝不能失败"，这是电影编剧杜撰的。

　　再入大气时，在经历了无线电中断之后，技术员并没有在收到宇航员信息时马上开始庆祝，他们一直等到了安全溅落的确定消息到来。

　　不过，阿波罗 13 号任务及其参与者在电影中获得了很好的正面塑造，每一位对阿波罗计划有兴趣的人都可以去看看。

下图：影片中的一幕，阿波罗 13 号宇航员从救生舱，即"水瓶座"登月舱中观察外面冷寂的月球。左起，比尔·帕克斯顿饰弗雷德·海斯，凯文·贝肯饰杰克·斯威格特，汤姆·汉克斯饰吉姆·洛弗尔。

上图：任务控制中心在庆祝阿波罗 13 号成功返回地球。左起第二位正在鼓掌的是克兰茨，他穿着标志性的白衬衫。

左图：阿波罗 13 号宇航员即将登上硫磺岛号两栖攻击舰。此时他们刚被人从海里捞出来不久。片刻之后，在他们离开直升机时，军舰上的牧师会来找他们，并一同参加庆祝他们安全归来的感谢会。

## 阿波罗 13 号飞控主任日志

　　以下内容来自阿波罗 13 号飞控主任日志，以极端冷静、不带感情的笔触记录了这次惊险任务中重要的一段。大部分时候，这样的日志会出自克兰茨之手，但其他飞控主任——米尔特·温德勒（Milt Windler）、格瑞·格里芬（Gerry Griffin）和格林·伦尼（Glynn Lunney）——也会在值班时留下记录。

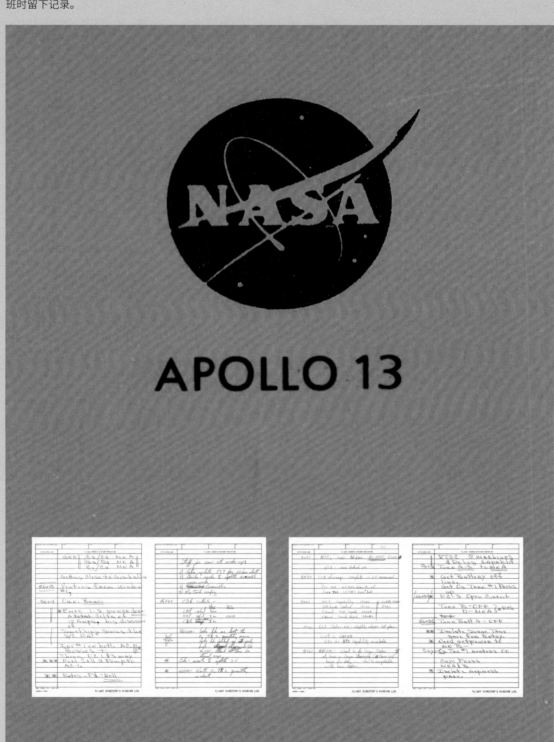

# 给阿波罗 13 号的电报

在阿波罗 13 号任务中，前副总统休伯特·汉弗莱（Hubert Humphrey）发送了这封电报，表示愿意提供任何帮助。

HOX163RDA089

PTTUZYUW RUWJEOA3032 QPRQUQTAUUUU--RUWTDRA.

ZNR UUUUU

P 141709Z APR 70

FM MARTIN MARIETTA CORP DENVER CO

TO OFFICE OF THE DIRECTOR NASA MSC HOUSTON TX

BT

UNCLAS ATTN DR. CHRISTOPHER C. KRAFT, JR. DEPUTY DIRECTOR

I UNDERSTAND AND SHARE YOUR IMMEDIATE CONCERN WITH

APOLLO 13.  IF OUR RESOURCES CAN BE OF ANY POSSIBLE

USE TO YOU IN ANY MANNER WHATEVER, PLEASE DON T

HESITATE TO LET ME KNOW.  THEY WILL BE IMMEDIATELY

AVAILABLE TO YOU.

SIGNED "K" HURTT VICE PRESIDENT MANNED SPACE SYSTEMS

BT

#3032

# 给克里斯·克拉夫特的电报

在阿波罗 13 号任务中，马丁·玛丽埃塔公司的一位副总裁将这封电报发送给了休斯顿任务控制中心的克里斯·克拉夫特，并承诺提供任何可能的协助。类似的电报有几十封。

HOX871TWUC114  CST APR QU UP NSB434 NS

WA066 BP PDF WASHINGTON DC 17 257P ST

DR CHRISTOPHER KRAFT

ASTONAUTAFFAIRS OFFICE NASA MAN SPACECRAFT CENTER HOU

THERE IS NO GREATER TRIUMPH THAN ONE WHICH IS ACHIEVED OVER

ADVERSITY. WPOLLO 13 AND THE BRAVE MEN WHO BROUGHT HER HOME

HAVE PROVED TO TTHE WORLD THAT MAN THROUGH HIS OWN RESOURCESFULNESS

CAN CONQUOR THE HAZARDS OF SPACE TRAVEL. THIS IS A GREAT ACHIEVEMENT

IN THE ANNALS OF SPACE HISTORY AND YOUR COURGE WILL BE LONG

REMEMBERED. OUR PRAYERS HAVE BEEN WITH YOU CONSTANTLY AND WE

ARE VERY GRATEFUL FOR YOUR MAGNIFICENT VICTORY

HUBERT H HUMPHREY.

第 19 章

C H A P T E R

NINETEEN

谢泼德重返太空

艾伦·谢泼德是水星号最早的宇航员，也是美国太空第一人。在阿波罗 14 号任务之前，他仅在太空中飞行过 15 分钟，那是一次 1961 年的亚轨道飞行任务。

之后，一种罕见的内耳问题导致他停飞。谢泼德变成了脾气暴躁的首席宇航员。在一次成功的试验性手术之后，他重获飞行许可，成功地得到了第三次登月任务的指挥岗位。约翰·杨和尤金·塞尔南这样出色的人这一次也没能超越他。在 1970 年，有太多宇航员等着轮到自己执行阿波罗任务，这简直不可理喻。然而，在阿波罗 13 号的重大失败之后，美国需要一位英雄领导下一次登月飞行。于是，他们选择了他们最优秀的第一位宇航员，谢泼德。

于是，在 1971 年 1 月 31 日，阿波罗 14 号启程奔赴月球。三位宇航员分别是：指令长谢泼德、指令舱飞行员斯图尔特·罗萨（Stuart Roosa）、登月舱飞行员艾德·米切尔（Ed Mitchell）。米切尔和罗萨在太空飞行方面完全是新手，而谢泼德只有 15 分钟的太空飞行记录。在所有阿波罗任务的宇航员团队中，他们是太空经验最少的。然而，整个阿波罗计划正危在旦夕，NASA 急需推进新的任务，这一点谢泼德十分理解。

上图：阿波罗 14 号任务徽章由一个飞向月球的宇航员之徽为主体，看起来有些像土星 5 号火箭。

下图：阿波罗 14 号全体宇航员。左起：指令舱飞行员斯图尔特·罗萨、指令长艾伦·谢泼德和登月舱飞行员艾德·米切尔。三人中只有谢泼德有太空飞行经验，1961 年他在太空中飞行过 15 分钟。

## 科恩撞击坑在哪里

　　搜寻科恩撞击坑的过程令人恼火。谢泼德和米切尔都急切地想要找到它。如果找到了，这就是人类首次近距离观察大型月球环形山。他们在粗糙多石的月面费力地拖行模块化装备转移车，科恩坑简直遥不可及。两人轮流拖车，不拖车的人负责检查地图，但他们始终一无所获。休斯顿的地质学家试图帮些忙，但也无济于事。他们最终没有找到环形山山脊。返回后，他们的位置数据经过了三角定位计算，人们发现一个伤心的事实：他们距离科恩坑的边缘只有18～21米。这意味着日后的任务需要更好的导航方法，这些办法随着月球车出现了。

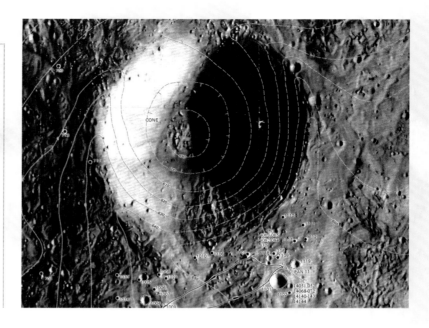

**右图：** 用于寻找科恩坑的地图。宇航员难以找到这里的一个原因是，这幅地图是从高空轨道上拍摄的，在月球表面，这幅地图基本上没有什么用处。

　　阿波罗13号的事故发生之后，官方调查质疑了阿波罗计划继续下去的意义，毕竟，肯尼迪口中的登月挑战美国人已经成功完成了。阿波罗14号需要表现完美才能平息争议，谢泼德是达成这一目标的最佳人选。

　　在降落到阿波罗13号任务选定的弗拉·毛罗高地时，谢泼德早已经完成了一个人在模拟器上所能完成的一切准备。在登月任务中，地质学的研究需求头一次被放在了比安全更重要的位置。弗拉·毛罗地区有来自雨海的岩石，还有一些喷发物来自483千米外巨大的哥白尼环形山，地质学家想要测定它们的形成时间。附近还可能有更古老、更深层的月岩样本。

　　在谢泼德和米切尔准备有动力下降之前，飞行过程都是十分顺利的，只是登月舱对接时出现了一点困难。就在下降过程开始之前，登月舱的计算机出现了一个错误的取消信号。如果这一错误发生在着陆阶段，登月舱会自动执行取消任务操作，抛弃下降段，返回轨道。这相当危险，甚至是致命的。麻省理工学院的工程师赶紧写出了替代指令序列，由米切尔输入制导计算机，强制计算机忽略可能出现的放弃信号。他们这才准备好着陆。

　　虽然此前只有15分钟的太空飞行记录，但是谢泼德执行了阿波罗计划中第二准确的着陆，仅和预定目标相差27米。两位宇航员在不久之后出舱，进行了他们的首次舱外行走。首次出舱的主要任务是设置ALSEP并采集样品。休息一段时间之后，他们进行了第二次行走，前往一个叫作科恩坑的目标。

　　304米宽的科恩坑是这一地区最具地质特色的地方，这里也是地球上的地质学团队最想研究的目标。宇航员把工具和样品拖在身后一辆被称为模块化装备转移车（Modularized Equipment Transporter, MET）的小型金属拖车上，这让他们看起来有点像20世纪早期的极地探险家。他们顶住巨大压力，争分夺秒地寻找目标撞击坑。他们手中有地图，但他们的地图是由轨道照片制作的，对月面漫游者没什么用处。

　　他们反复寻找，但一无所获。每当他们觉得目标已近，登上一道山脊之后，总是会失望地发现另一道山梁。他们也逐渐感到疲惫。指令长谢泼德想返回，但米切尔希望继续前进。于是，休斯顿指令中心介入了。

　　谢泼德相信他的直觉，他认为与其浪费时间寻找科恩坑的边缘，不如从周边碎石带采样并带回，因为碎石带本身就来自科恩坑。更何况，

## 谢泼德在月球上打高尔夫球

**对页图：** 1971年1月31日，阿波罗14号发射。

他和米切尔可能体力不支，面临风险。于是，他们就地采样，把装满岩石的拖车一点一点拖回了登月舱。

最后一个具有纪念意义的活动充满了谢泼德的风格。就在全世界电视直播他们在月球上的活动时，他从宇航服中掏出了一个高尔夫杆头，把它装到一个岩体采样臂上，再把一个高尔夫球扔到月面上。阿波罗宇航服十分笨重，所以他前两次挥杆只扬起了一些尘土，第三次则非常成功。月球上的重力只有地球的 1/6，高尔夫球就这样飞了出去。"好远好远……" [1] 谢泼德喊道，他对这次挥杆非常满意。不过，谢泼德的高尔夫球实际上只在月球上飞了 183 ～ 366 米。只是，对他而言，高尔夫再也不是以前的样子了。

---

[1] 谢泼德的原话是："Miles and miles and miles..."直译即（飞了）好多英里，好多英里，好多英里……——编者注

上图：模块化装备转移车的车辙印，阳光斜照，被压实的月壤反着光。

对页图：阿波罗 14 号的登月舱心宿二号。谢泼德成功在预定地点着陆，但他没想到这是一个有坡度的地方。这让宇航员难以入眠，他们总觉得登月舱要翻了。

右图：塞尔南为阿波罗 14 号任务的替补队制作了滑稽的徽章。

## 调皮的替补宇航员

阿波罗 14 号任务的替补队非常调皮。替补指令长尤金 · 塞尔南选择了华纳兄弟动画片中的人物哔哔鸟和威利狼作为吉祥物。每次有人提到它们，暴脾气的谢泼德都会发火，塞尔南乐此不疲。于是，塞尔南做了十几个替补队徽章，在飞行任务前把它们藏到了阿波罗 14 号里。每当谢泼德打开一个盒子或者柜子，一个"哔哔"乱叫 [1] 的徽章就会掉出来。他甚至在一次出舱行走中对这个恶作剧喊道："去你的哔哔！"大多数人不明就里，但塞尔南对此心知肚明，他很开心。

---

[1] 动画片中的哔哔鸟就会发出"哔哔"的叫声。——译者注

第 20 章

C H A P T E R

T W E N T Y

月 球 车

自 1960 年以来，关于在月球表面进行运输，NASA 提出了很多想法。有一个想法在班迪克斯公司（Bendix Corporation）的设计下有了原型，当时人们还没有决定其尺寸和重量限制。这一原型看起来不像月球车，倒像突击车。

---

这个原型经过了很多次修改，最终被证明是个行不通的方案。其他设计包括单人月球飞行器（月球"跳跃者"），还有外形和工作方式都像虫子的奇怪载具。格鲁曼公司用登月舱的部件设计的月球车还像点样子，但成本超出了 NASA 主持早期登月项目时的承受能力。

建造第一辆在月球上跑的车——这项挑战最终落到了波音公司手中。这样的车被称为月球漫游车（Lunar Roving Vehicle, LRV），简称月球车。民航制造商波音公司需要在一年半以内完成月球车的设计和制造工作。和大多数政府合作项目不同的是，这次任务圆满完成了。活儿干得非常漂亮。

月球车是工程上的杰作。这是在为两名穿着笨重加压宇航服，背着背包的宇航员设计可靠的交通工具，它还要承载岩石、工具，以及几百千克的导航、驾驶系统。它要和阿波罗系统一起飞行，所以不能太重（请想想登月舱的重量限制），它要小到能放进登月舱的下降段，它还要足够可靠，不能让驾驶者陷入困境。不仅如此，它还要在月球上严酷的环境中运作，耐受无处不在的粗糙月壤，还要能够折叠运输。

最终的设计不仅满足了上述要求，还留出了一些空间。在地球上重 1225 千克的月球车在月球约重 210 千克。刨去自重，它在地球上可以承重 490 千克，这相当于月球上的 2939 千克。

下图：班迪克斯的巨型月球车。这是原型，和最终的产品相去甚远。这辆最初的试验车辆依然停在美国堪萨斯州哈钦森的一个仓库中。

## 月球卡车

考虑到月球车在未来还会进一步探索月球，装六个车轮要比四个车轮好。至少，最新一批月球漫游车的表现说明了这一点。为 2020 重返月球计划开发的大多数原型都有至少六个车轮——至少。这些全地形的运输车优化了航程和攀爬功能。以右图展示的这辆月球车为例，每个车轮都有独立的动力和转向能力，可以让操控性能和抓地力达到最优。此外，座椅可以360°旋转，驾驶员能获得最佳视野。

**右图：** NASA 设计研究的一种新月球车，装有六个具有独立动力和转向能力的车轮，还可以运输大量货物。

## 穿越导航

之前的月球探索者都遇到过这个难题：在月面进行导航很难。这里没有树木，没有房屋，甚至没有大气散射，人在月面几乎无法估算距离。月球车上的小型计算机会在登月舱着陆区启动，用陀螺仪和加速度计跟踪以登月舱所在位置为参考点的方向和距离。这样，月球车驾驶员就能知道登月舱在什么方向，距离多远。随着任务不断变得复杂，地形越发崎岖，这一功能越发重要。很多时候，宇航员已经远远离开了登月舱的视野范围，但波音的月球车还是能把他们带回家。

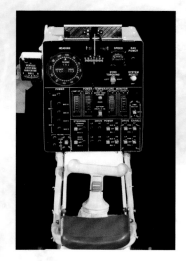

上图：月球车的操作系统。月球车围绕惯性导航系统设计，在需要的时候甚至可以返回几十米以外的出发点。照片中可以看到巨大的 T 型把手，通过这个把手可以很方便地驾驶月球车。

对页顶图：在阿波罗 17 号任务所用的土星 5 号前面，参加任务的宇航员和登月车全尺寸模型合影。左起：登月舱飞行员哈里森·杰克·施密特（Harrison Jack Schmitt）、指令舱飞行员罗纳德·埃万斯（Ronald Evans）和坐着的指令长尤金·塞尔南。

右上图：先进月球任务中的另一个设计。如果投入任务，这辆通用汽车（GM）的月球车原型可以供多位宇航员长时间执行任务，而且有相当长的续航能力。

下图：计划展开月球漫步的宇航员和月球车全尺寸模型。左起：约翰·杨、尤金·塞尔南、查尔斯·杜克、弗雷德·海斯和安东尼·英格兰（Anthony England）。海斯和英格兰后来没有到达月面，但他们驾驶了航天飞机。

月球车可以攀上 30 厘米高的岩石，跨过 1 米宽的裂缝，爬上大约 28 度的斜坡。电池可以提供 78 小时的续航时间，总续航里程约为 100 千米，在不同的使用场景中，具体的里程数有所不同。不过，由于 NASA 的限制，在月球车出现故障的时候，宇航员要走回登月舱，所以月球车从不会行驶到比月面基底远 10 千米的地方。

靠目视或者使用从轨道拍摄的地图进行导航都很困难，所以设计者在月球车上增加了一套导航系统，使用惯性制导从起始处进行导航。实际使用时这套系统十分精准。

月球车上还安装了遥控电视摄像机（可由任务控制中心操作）、与地球通信的可调天线、16 毫米电影摄像机，以及勘探地址所需的一切工具和包裹。每个金属丝网编制的轮子都由一个独立的电机驱动，由驾驶舱的一个丁字架控制。宇航员都说它易于驾控。要说有什么不足的话，那就是玻璃纤维制造的防尘板十分脆弱，不止一次破碎或者脱落，让宇航员沾满车轮扬起的黏性月壤——从来没人说过探索月球是轻松又干净的事！

最终，后期的阿波罗任务被取消。月球车是先进月球任务（advanced lunar mission）[1] 中唯一一飞上过太空的成果。搭乘阿波罗 15 号首次到达月球时，月球车为科学研究带来了十倍回报。

---

[1] 阿波罗的后续计划，因阿波罗计划取消而取消。——译者注

第 21 章

C H A P T E R

T W E N T Y -

O N E

创 世 之 石

阿波罗 15 号任务的宇航员正在进行第二次出舱行走，詹姆斯·艾尔文（James Irwin）和大卫·斯科特不断穿梭于采样点之间。阿波罗 15 号于 1971 年 7 月 26 日发射，总的来说一切顺利，几乎没有意外。

---

　　他们绕过一块巨石，看到了一块质朴而美丽的白色岩石，它好像正急切地等待着他们来把它带走。于是，詹姆斯·艾尔文满足了它的愿望。他在阿波罗任务中受到了巨大的触动，返回地球后，他离开 NASA，转行成为牧师。

　　阿波罗 15 号任务是具有突破性的。在这次任务中，大卫·斯科特担任指令长、詹姆斯·艾尔文担任登月舱飞行员、阿尔弗莱德·沃尔登（Alred Worden）担任指令舱飞行员，这是首个"J"类[1]登月任务。这意味着这一次他们将在月球上展开深入的考察。登月舱经过了升级，为月球附近的轨道活动预留了更多燃料，可以停留更长时间。宇航员有了更好的宇航服，时间安排也更加宽松悠闲（就当登月任务也有闲适可言吧），他们会有三次舱外行走。最重要的是，他们有了新的月球车。

　　这一次，变化集中在登月舱和月球车的升级上。阿波罗 15 号的登月舱可以支持三天以上的行动，月球车可以行驶总计超过 100 千米。有月球车的辅助，舱外行走从范围仅有几百米的漫步变成了可以跨越整个地质构造的驾车出行。一切都变了。

　　在第二次出舱行走时，詹姆斯·艾尔文和大卫·斯科特在月球亚平宁山脉中的哈德利 δ 山（Hadley Delta）区域工作。他们在月面总计停留了 66 小时，收集了超过 77 千克的岩石和样本。

　　他们已经在计划中的考察点斯珀撞击坑（Spur Crater）工作了 15 分钟。两位宇航员正在快速进行目视观察。此时，艾尔文发现了一块石头，大个柠檬大小，在普普通通的火山岩基石上熠熠发光。他被震惊了，用带着点不安的声音对休斯顿说："我觉得我们这次来值了。"

　　这是一块斜长岩，是月球早期原始月壳的一部分。之前的登月任务带回了数百千克重要的样本，但其中没有来自月球早期的东西。这是人类在月球表面找到的第一块古代岩石，正如斯科特所说："（它）真漂亮。"

上图：据说在审核了 544 个设计方案之后，阿波罗 15 号的宇航员才最终确认使用这个月面上的三只抽象小鸟的形象作为任务的徽章。

下图：宇航员正在为另一次离开基地的出舱行走准备月球车。

---

[1] 阿波罗计划依据目标将任务分类，"J"类任务是最复杂的一类任务。阿波罗计划最后三次任务，阿波罗 15 号、阿波罗 16 号、阿波罗 17 号，均为"J"类任务。——译者注

上图：又一面旗帜，又一次敬礼……美国人在月球上宣誓了所有权，尽管这是"为了全人类"。

## 从宇航员到牧师

詹姆斯·艾尔文生于 1930 年，他于 1966 年加入 NASA。他是阿波罗 10 号任务和阿波罗 12 号任务的后备宇航员，他唯一一次太空飞行是在阿波罗 15 号任务期间，他担任登月舱飞行员。登月经历深深影响了艾尔文，他在返回地球时感受到了内心的召唤。1972 年他离开 NASA，创立了以他自己为首的基督教会高飞教派（High Flight Ministry）。1983 年，他开始在亚拉腊山（Mount Ararat）[1] 寻找诺亚方舟，并在随后的十年中领导了多次探索。1991 年他死于心脏病。

[1] 亚拉腊山位于土耳其境内，靠近伊朗及亚美尼亚边境，《圣经·创世纪》中描述其为诺亚方舟最后的停泊处。——译者注

## 阿波罗 15 号任务中的伽利略实验

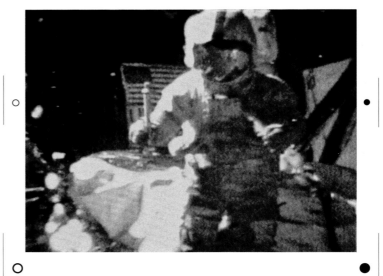

他们对着它拍了照，详细记录下它的位置，爱心满满地把它收进一个特制的袋子，带它回去。回来之后，它被命名为创世之石（Genesis Rock）。

在这次任务中，并不是一切都轻松地取得了成功。地质采样工具中新添了一个钻探工具包，它最终成了斯科特任务中的绊脚石。斯科特体能很好，但每当他为了做实验而不得不在月表进行钻探时，岩心总是会往下掉一小段，粘在一起。这十分烦人，而且浪费时间。

稍晚些时候，在同一次舱外行走中，斯科特终于成功地得到了一份大约两米深的岩心样本。果不其然，试图把钻探管拉起来就像把魔法剑从石头中取出来一样困难。于是，他们决定暂时收工。

第二天，他们早早地离开了登月舱，进行第三次也是最后一次舱外行走，他下了决心，一定要把钻探管拉出来。他使劲摇、使劲敲，甚至钻到把手下面试图把它使劲拧出来，但都没有结果。最终，他和艾尔文齐心协力，在竭尽全力之后，终于在最后一次尝试的时候把钻探管拽了出来。他们花费了宝贵的时间，斯科特还拉伤了肩膀。止疼剂可以止住疼痛，但要是真把样本留在了月球，那可是会让人心疼至极的。

他们剩下的舱外行走时间都用来探索哈德利月溪（Hadley Rille）了。除了对构成月球基岩的美妙巨型砾石进行采样之外，他们也没有忘记欣赏月溪的壮丽景色。这次完美的任务收获颇丰。

回到地球之后，月球物质接收实验室（Lunar Receiving Laboratory）的科学家加班加点检查了那个深钻的样本。令人高兴的是，这一样本显示了 50 多个明确的分层——这是名副其实的月球演化时间轴。有了这个样本和创世之石，斯科特、艾尔文和沃尔登都会承认这是一次超值的任务，而且（正如所有试飞员都会做出的判断）这是迄今为止最棒的任务。

上图：在阿波罗 15 号任务中，詹姆斯·艾尔文在月壤中挖沟。高 4572 米的哈德利山矗立在他身后。图片左边的设备是日晷 [1]（gnomon），在档案照片中，它的用途是确定水平、坡度及白平衡情况。

[1] 这和常见的日晷（或者晷针）用途不尽相同。结构上，阿波罗任务的日规由三个固定支脚和一个自由移动的带配重的竖杆组成，配重可以使竖杆保持在重力方向上。日晷的竖杆（早期阿波罗任务）或者一个脚（阿波罗 15 号以后）上涂有灰度及颜色标尺。拍摄记录照片时，将该日晷放置于视野中即可同时记录水平（重力方向）、比例尺和白平衡。——译者注

## 纪念封事件

多年以来，所有的宇航员都会随身携带个人物品进入太空。这一行为已得到许可，基本不受监管。阿波罗 15 号的宇航员携带了 398 枚纪念封，回到地球后进行销售，把一部分所得纳入了他们孩子的教育基金。纪念封价格飞涨，NASA 收到投诉。国会介入后，NASA 不得不采取措施。三位宇航员再也没有执行过飞行任务，从那时起，NASA 也开始审查所有带上阿波罗任务的个人物品。

下图：NASA 关于阿波罗 15 号纪念封事件的详细新闻报道。邮票商人的贪婪使得事件爆发。涉事宇航员最终受到了处分。

NATIONAL AERONAUTICS AND
SPACE ADMINISTRATION
Manned Spacecraft Center
Houston, Texas 77058

John P. Donnelly
(202/755-3828)

FOR RELEASE:
July 11, 1972

RELEASE NO: 72-143

RELEASED AT NASA HEADQUARTERS

### APOLLO 15 STAMPS

NASA has conducted an inquiry into the question of unauthorized postal covers reported to have been carried by the crew on the Apollo 15 mission last July.

Astronauts David Scott, Alfred Worden and James Irwin have acknowledged carrying approximately 400 unauthorized postal covers on this mission, 100 of which were given by the crew to an acquaintance who is now in Germany. These are the postal covers which apparently were later sold to stamp collectors for approximately $1500 apiece.

In the course of its inquiry, NASA learned that the Apollo 15 crew had at one time agreed to provide 100 of the covers to their acquaintance in return for a "trust fund" for their children. After the covers had been given to the acquaintance, however, they realized--on their own--that this was improper and they declined either to accept the "trust fund" or an alternative offer of stamps in exchange for the 100 postal covers.

NASA has authorized astronauts, within established procedures, to carry personal souvenir type items, including some postal covers, on Apollo 15 and other manned space flights, subject to the condition that these articles would be retained

- more -

下图：快乐的宇航员回到了地球，左起：指令长大卫·斯科特、指令舱飞行员阿尔弗莱德·沃尔登和登月舱飞行员詹姆斯·艾尔文。

第 22 章

CHAPTER

TWENTY-

TWO

着 陆 于 月 之 高 地

在 NASA 的历史上还从没出现过这样的事情——1972 年 4 月，在阿波罗 16 号任务中，任务控制中心的得克萨斯人第一次从月球上听到了他们熟悉的、慢吞吞的南方腔。

他们听到的不仅仅是南方口音，其中还充满了诸如"Hot dog！"（好极了！）、"Whoopie！"（嗬！）之类的南方玩笑话和感叹词。这是查尔斯·杜克作为登月舱飞行员的首次飞行。另一个声音来自约翰·杨，尽管他的家乡在加利福尼亚北部，但他说起话来多的是肯塔基连音。他是这次的指令长。在众人头上，在月球轨道和两位宇航员说说笑笑的是指令舱飞行员肯·马丁利（Ken Mattingly）——他终于得到了在阿波罗 13 号任务中就该属于他的机会。

阿波罗 16 号任务是首次把着陆地点选在月球高地的登月任务，其他的任务都着陆在月海地区或附近。在月球上，古老的山地比年轻的月海覆盖区域更广泛。这还是一次"J"类任务，他们带了一辆月球车和可以停留较长时间的登月舱。杨和杜克在登月期间最大限度地利用了它们。

他们雄心勃勃地计划进行三次舱外活动，平均每次 7 小时。部署阿波罗月面实验装置是计划中的第一步，这一步基本上是按照计划实施的。自阿波罗 12 号任务以来，人们一直在努力通过实验测量月球内部热量的流动，这有助于确定月球的起源。完成这项实验需要在月球上钻孔并插入探针，这是阿波罗 15 号任务遇到的主要问题之一。休斯顿的地球物理学家非常期待这次实验，因为钻探机已经经过了重新设计，而且工作表现正常。当时，杨正在布置另一个组件，他跨过工作区时感到有什么挂住了他的靴子，任务控制中心听到了下面这段对话：

杨："查理……"

杜克："怎么了？"

杨："我这儿有点情况。"

杜克："什么情况？"

杨："我不知道，这有条线被搞松了。"

杜克："啊……哦……"

杨："那是什么？什么线？"

杜克："那是热流实验的线，你把它拽下来了。"

杨："我不知道是怎么回事。"

杨："从那儿拽松的？"

杜克："是的。"

杨："我的天啊。"

杜克："好吧，我在浪费时间。"

接着，在与休斯顿进行了一次简短的对话后：

杨："对不起，查理。真倒霉……"

对杜克来说，热流实验已经成为一件和自己息息相关的事。以前的任务也曾尝试过部署这项实验，但一直以来，钻机或其他部件出现的问题总会影响结果。在这次任务中，他第一次也是唯一一次显露出了沮丧。

上图：1972 年 4 月 16 日发射的倒数第二次阿波罗登月任务。阿波罗 16 号从佛罗里达升空，这次任务将再次超越之前所有的登月任务。

## 橙 汁

由于阿波罗 15 号的登月宇航员出现过心律不齐的症状，杨和杜克被要求在舱外活动的间隙喝下大量橙汁以补充钾。杨曾含蓄地表达过——麦克风一直开着，他的声音全世界都能听到——这些橙汁并不总是那么合他们的胃口……

杨："我又放屁了。又来了，查理。我不知道他们到底给了我什么鬼东西……我觉得像胃酸。我真这么觉得。"

杜克："可能是。"

杨："我是说，我近 20 年没有吃过这么多柑橘类水果了！我要告诉你，再过该死的 12 天，我就再也不吃这些东西了。如果他们又想拿这个在早餐中帮我补钾，我就把它们都扔掉！我喜欢偶尔吃点橙子，真的喜欢。但如果被埋在橙子里，我会发疯的。"

接着，休斯顿通信接入。

飞船通信员："休斯顿呼叫猎户座号（Orion）[1]。"

杨："在，先生。"

飞船通信员："好的，约翰。我们这儿的麦克风一直开着呢。"

杨："啊……开了多久了？"

飞船通信员："……'汇报'期间一直开着……"

杨的态度立即转变了，在剩下的任务中，他再没有在直播时提到橙子的事。

下图：阿波罗 16 号的宇航员。左起：指令舱飞行员肯·马丁利、指令长约翰·杨和登月舱飞行员查尔斯·杜克。

对页图：从登月舱上看指令 / 服务舱卡斯帕号（Casper），上面只有马丁利一个人在控制飞船。马丁利在最后一刻被踢出了阿波罗 13 号任务，阿波罗 16 号任务是补给他的一次机会。

[1] 阿波罗 16 号登月舱的呼号。——译者注

## 杜克把锤子弄掉了

对查尔斯那些滑稽幽默的举动总是不苟言笑的杨这次真诚地道歉了，一遍又一遍。他们检查了断开的电线，一个设计不良的连接器把它割断了。这是没法修复的。

他们继续工作，并且驾驶月球车完成了附近旗帜撞击坑（Flag Crater）的巡视任务。他们希望找到源于火山活动的岩石，但最终没有找到。

他们的第二次舱外活动进行得一帆风顺，并且终于在第三次舱外活动中有了新发现，这会给地质学家带来回报。他们希望能找到一块非常大的岩石，这块巨石可以提供不同类型的样品。杜克在从轨道下降的路上找到了一个候选点，当他们到达北射纹线撞击坑（North Ray Crater）时，他确定这就是对的地方，他们要找的东西就在那里。起初，由于月球车上摄像机的光学设计和月球上奇怪的视角原因，休斯顿的研究小组无法真正判断那块岩石有多大。但随着宇航员越走越近，他们发现那明显是一块巨大的岩石。它被恰如其分地命名为房屋岩石（House Rock），是迄今为止最大的样本。

没过多久，任务就到了结束的时候，两个疲惫却依然兴奋的探险者不得不最后一次回到登月舱。和之前的其他宇航员一样，他们扔掉了不需要的装备——背包、照相机和其他重物——准备返回月球轨道上的指令舱，与肯·马丁利会合。这是一次富有成效的任务，虽然没有找到许多人期待的火山岩，但他们比其他阿波罗宇航员走得更远，进行了更多勘察。在此之后，阿波罗计划还有一次任务，那也是最后一次任务。阿波罗 11 号完成任务之后，尼克松总统取消了余下的阿波罗任务——阿波罗 17 号将是阿波罗宇航员最后一次登月。

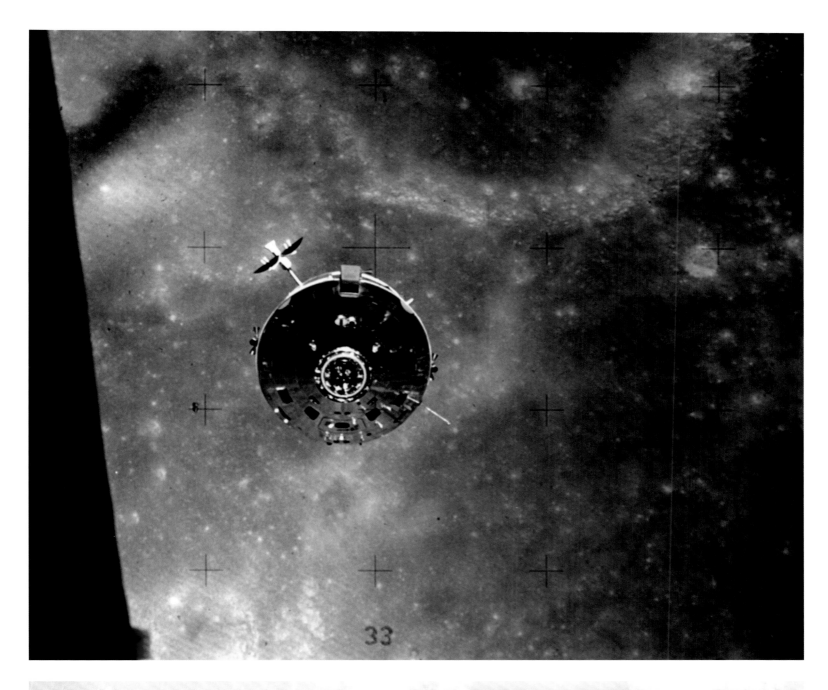

## 月球车大奖赛

　　作为阿波罗 16 号活动计划的一部分，宇航员要对月球车进行测试。查尔斯·杜克操作摄影机，杨则驾驶月球车对它进行检验。完成几个转弯和刹车测试之后，杨创造了轮式车辆在月面行驶的速度纪录：大约 12 千米每小时。像往常一样，月球车留有足够的空间，可以应付这种粗暴的操作。

**右图：** 约翰·杨把月球车带到"空中"（更准确地说，应该是"真空中"），让月球车经受考验，测试其速度和受控性能。

阿波罗 16 号的宣传单

图为 NASA 官方关于阿波罗 16 号任务的深入报道，其中提及了宇航员信息、任务时间表和主要目标。

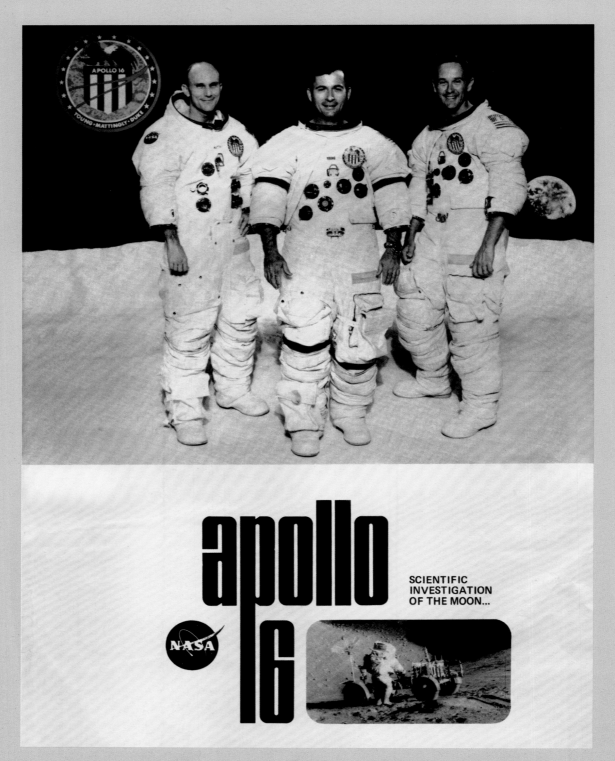

## 阿波罗 16 号数据手册

阿波罗 16 号数据手册记载了关键任务事件的任务日程信息，以及月球表面预期活动路线地图。虽然总有些任务没有按照时间表进行，但阿波罗 16 号仍然比较精确地遵循了这张时间表。这些表格提供给了新闻界、承包商和不在任务控制中心的各类工作人员。

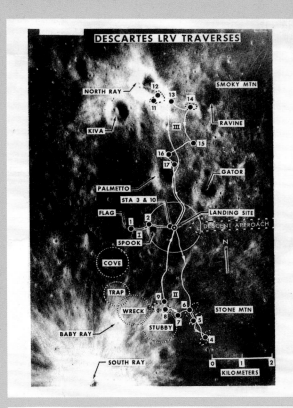

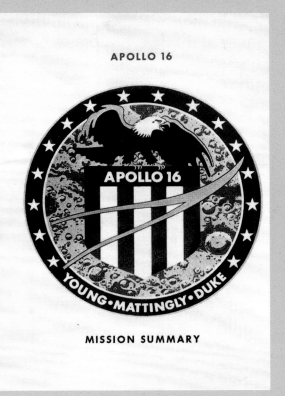

### APOLLO 16 MISSION EVENTS

| EVENT | G.E.T. HR:MIN | C.S.T. HR:MIN |
|---|---|---|
| ---SUN/APRIL 16--- | | |
| LIFT-OFF | 00:00 | 11:54 a.m. |
| EPO INSERTION | 00:12 | 12:06 p.m. |
| TRANSLUNAR INJECTION | | |
| BURN INITIATION ($t_B$ = 335 SEC) | 02:33 | 2:27 |
| CSM/S-IVB SEPARATION | 03:04 | 2:58 |
| TV COVERAGE (TRANS & DOCK, 19 MIN) | 03:09 | 3:03 |
| DOCKING | 03:14 | 3:08 |
| CSM/LM EJECTION | 03:59 | 3:53 |
| EVASIVE MANEUVER (PERFORMED BY S-IVB) | 04:22 | 4:16 |
| FIRST MIDCOURSE CORRECTION (MCC-1) | 11:39 | 11:33 |
| ------MON/APRIL 17------ | | |
| MCC-2 | 30:39 | 6:33 p.m. |
| ------TUE/APRIL 18------ | | |
| MCC-3 | 52:29 | 4:23 p.m. |
| ------WED/APRIL 19------ | | |
| MCC-4 | 69:29 | 9:23 a.m. |
| SIM DOOR JETTISON | 69:59 | 9:53 |
| LUNAR ORBIT INSERTION (LOI) | | |
| BURN INITIATION ($t_B$ = 375 SEC) | 74:29 | 2:23 p.m. |
| S-IVB PREDICTED LUNAR IMPACT | 74:30 | 2:24 |
| SELENOGRAPHIC LATITUDE = -2.3° | | |
| SELENOGRAPHIC LONGITUDE = -31.7° | | |
| DESCENT ORBIT INSERTION (DOI, REV 2) | | |
| BURN INITIATION ($t_B$ = 24 SEC) | 78:36 | 6:30 |
| ------THUR/APRIL 20------ | | |
| UNDOCKING & CSM SEPARATION (REV 12) | 96:14 | 12:08 p.m. |
| CSM CIRCULARIZATION (REV 12) ($t_B$ = 6 SEC) | 97:42 | 1:36 |
| POWERED DESCENT INITIATION (REV 13) | | |
| DPS IGNITION | 98:35 | 2:29 |
| HIGH GATE (P63 TO P64) | 98:44 | 2:38 |
| LOW GATE | 98:45 | 2:39 |
| VERTICAL DESCENT (P64 TO P65) | 98:46 | 2:40 |
| LM LANDING | 98:47 | 2:41 |
| SELENOGRAPHIC LATITUDE = -9.0° | | |
| SELENOGRAPHIC LONGITUDE = 15.5° | | |
| CSM FIRST PASS OVER LLS (REV 13) | 98:43 | 2:37 |
| FIRST EVA (7 HR) | 102:25 | 6:19 |
| TV COVERAGE (6 HR 47 MIN) | 102:25 | 6:19 |
| ------FRI/APRIL 21------ | | |
| SECOND EVA (7 HR) | 124:50 | 4:44 p.m. |
| TV COVERAGE (6 HR 35 MIN) | 125:10 | 5:04 |
| ------SAT/APRIL 22------ | | |
| THIRD EVA (7 HR) | 148:25 | 4:19 p.m. |
| TV COVERAGE (8 HR 04 MIN) | 148:45 | 4:39 |
| FIRST CSM PLANE CHANGE (REV 40) | | |
| BURN INITIATION ($t_B$ = 9 SEC) | 152:29 | 8:23 |

### APOLLO 16 MISSION EVENTS (CONCLUDED)

| EVENT | G.E.T. HR:MIN | C.S.T. HR:MIN |
|---|---|---|
| ---SUN/APRIL 23--- | | |
| TV COVERAGE (EQUIPMENT JETTISON, 12 MIN) | 170:08 | 2:02 p.m. |
| TV COVERAGE (LM LIFT-OFF, 25 MIN) | 171:30 | 3:24 |
| CSM SECOND PASS OVER LLS (REV 50) | 171:46 | 3:40 |
| LM ASCENT (REV 50) | | |
| LM LIFT-OFF | 171:45 | 3:39 |
| LM INSERTION ($t_B$ = 434 SEC) | 171:52 | 3:46 |
| TPI (APS) ($t_B$ = 3 SEC) | 172:39 | 4:33 |
| TV COVERAGE (RENDEZVOUS PHASE, 6 MIN) | 173:20 | 5:14 |
| RENDEZVOUS MANEUVERS | | |
| BRAKING | 173:20 | 5:14 |
| DOCKING | 173:40 | 5:34 |
| TV COVERAGE (5 MIN) | 173:46 | 5:40 |
| LM JETTISON (REV 53) | 177:31 | 9:25 |
| CSM SEPARATION | | |
| BURN INITIATION ($t_B$ = 13 SEC) | 177:36 | 9:30 |
| ASCENT STAGE DEORBIT | 179:16 | 11:10 |
| ASCENT STAGE LUNAR IMPACT (CSM REV 54) | 179:39 | 11:33 |
| SELENOGRAPHIC LATITUDE = -9.5° | | |
| SELENOGRAPHIC LONGITUDE = 15.0° | | |
| ------MON/APRIL 24------ | | |
| SECOND CSM PLANE CHANGE ($t_B$ = 16 SEC) | 193:14 | 1:08 p.m. |
| ------TUE/APRIL 25------ | | |
| SHAPING BURN | | |
| BURN INITIATION ($t_B$ = 2 SEC) | 216:49 | 12:43 p.m. |
| SUBSATELLITE JETTISON (CSM REV 73) | 218:02 | 1:56 |
| TRANSEARTH INJECTION (REV 76) | | |
| BURN INITIATION ($t_B$ = 150 SEC) | 222:21 | 6:15 |
| ------WED/APRIL 26------ | | |
| MCC-5 | 239:23 | 11:17 a.m. |
| TV COVERAGE (TRANSEARTH EVA, 1 HR 10 MIN) | 241:55 | 1:49 p.m. |
| ------THUR/APRIL 27------ | | |
| MCC-6 | 268:23 | 4:17 p.m. |
| ------FRI/APRIL 28------ | | |
| MCC-7 | 287:23 | 11:17 a.m. |
| CM/SM SEPARATION | 290:08 | 2:02 p.m. |
| ENTRY INTERFACE | 290:23 | 2:17 |
| CM LANDING | 290:36 | 2:30 |
| GEODETIC LATITUDE = 5.00° | | |
| LONGITUDE = -158.67° | | |

NASA-MSC-FOD
MISSION PLANNING & ANALYSIS DIVISION
MARCH 13, 1972

第23章

CHAPTER

TWENTY-
THREE

最后一次登月

尼克松总统取消了阿波罗 18 号、阿波罗 19 号和阿波罗 20 号登月任务，美国的登月计划也来到了终点：阿波罗 17 号。值得庆幸的是，相关的飞行技术已达到成熟。

到阿波罗 16 号为止，每一次"J"类任务都拓展了技术的疆界，充分利用了改进后的登月舱和月球车的潜力。终于，轮到阿波罗 17 号了，在 75 个小时内，它要带着剩下的问题在月面寻找答案。之后，一切都会结束。

土星系列运载火箭和与登月相关的飞行器硬件装配线已经关闭了。承包商要么排着队到航天飞机项目中寻找工作，要么去其他领域奋斗。1972 年 12 月 7 日，阿波罗 17 号在太空竞赛的暮色中起飞了。

塞尔南是这次任务的指令长，他又回到了他始于阿波罗 10 号的奔向太空的征程。指令舱飞行员是罗纳德·埃万斯，他很高兴能够在最后一次任务中拥有一席之地。登月舱飞行员本应该是约瑟夫·恩格 (Joseph Engle)，他一直在努力，希望保住自己的位置。但当科学界意识到阿波罗 17 号将是最后一次阿波罗登月任务时，他们极力促成一名训练有素的科学家成为宇航员。最后，哈佛大学地质学博士哈里森·施密特有幸获此殊荣。他原本计划乘阿波罗 18 号飞往月球。有些人不是很高兴，但所有与此有关的人都理解最终决定的内在逻辑。这将是人们从月球获得地质学收获的最后机会。

这次任务的回报令人惊叹。在导航到一块地形复杂的地区并着陆之后，塞尔南和施密特渴望迅速开始第一次舱外活动。阿波罗 17 号任务一共会有 3 次舱外活动，每次 7 小时以上。他们的登陆点被称为陶拉斯 - 利特罗谷（Taurus-Littrow）地区，位于澄海的边缘，而澄海在大约 40 亿年前什么都不是。一个巨大的天体飞速撞到月球上，沿着撞击边缘翻腾出了大量古老的物质。陶拉斯 - 利特罗谷就是那些古老岩石的一部分。ALSEP 的部署进行得很顺利，热流实验也完成了。

早期的一些实验被放弃了，新的实验取而代之。由核燃料供能的实验站多年来一直在传回数据（ALSEP 上的放射性同位素发生器可以持续工作 10 年）。

**下图：**施密特在陶拉斯 - 利特罗谷采样。月尘已经覆满了加压宇航服下面四分之三，这些尘埃又细又黏，根本掸不下去。

在第二次舱外活动中，宇航员整天都在野外作业，他们在一个名为南丘（South Massif）的地方进行了实地岩石取样。在月面上，施密特是专家，塞尔南成了他的观察员和值得信赖的助手。对于一位指令长来说，这是一次奇怪的角色转换，但是塞尔南从容地接受了这一转变，他在自己的新角色中表现得既热情又得力。

然而，任务的高潮还没有到来。他们驱车去了矮子月坑（Shorty Crater），在那里停下来采集样品。当塞尔南处理月球车上的一些琐事时，施密特走过去，看到了一块巨石。他停了下来——所见之物让他大吃一惊。之后，任务控制中心听到了下面这段对话。

施密特："那里有橘黄色的土壤！"
塞尔南："好，我过去看之前不要动它。"

施密特："一切都结束了！橘黄色。"
塞尔南："我过去看之前不要动它！"
施密特："我的脚拨弄到了。"
塞尔南："嘿，是的！我这里可以看到。"
施密特："是橘黄色的！"
塞尔南："等一下。让我把我的遮阳板抬起来……还是橙色的！"
施密特："当然是！太疯狂了！"
塞尔南："橘黄色！他没疯。确实就是这样。"

这是这次任务中最惊人的发现。当时，施密特认为这可能是从附近的火山喷孔喷出的火山玻璃，这证明这里近期有火山活动（热月球）。但其实橘黄色的熔岩玻璃是很久以前的，而火山口是新的，两者之间没

## 李·西尔弗（Lee Silver）

施密特加入阿波罗计划后，他觉得月球的地质情况被宇航员忽视了。他和他原来的导师李·西尔弗取得了联系，西尔弗那时在位于加州帕萨迪纳的加州理工学院工作。西尔弗带着宇航员到南加州的奥罗科皮亚山（Orocopia Mountains）进行实地考察。在阿波罗15号任务中，这种训练产生了良好的效果，这种效果因施密特在阿波罗17号任务中的出色表现而达到顶峰。在这张图片中，穿着条纹衬衫的西尔弗正指着什么，查尔斯·杜克在他后面，约翰·杨在前面。

有关系。尽管如此，这依然是一项极具吸引力的发现，为研究人员提供了一个了解月球过往的窗口。在第三次，即最后一次舱外活动中，当他们返回登月舱时，塞尔南将月球车开出去了一段距离，以便车载摄像机拍摄登月舱升空。他步履艰难地回到登月舱，帮助施密特装载样品和实验设备。随后，当他们准备重新进入登月舱时，塞尔南大声地朗读了贴在登月舱支柱上的一块牌子上的内容，这些内容和其他登月舱上的文字内容差不多。

塞尔南："我们得到了一幅月球的画卷，一幅其他阿波罗任务登陆时也曾得到的画卷；当其他人再次看到这块牌子的时候，他们就会知道这一切是从哪里开始的。（牌子上）写着：人类在公元1972年12月完成了对月球的第一次探索。愿我们的行动所代表的和平精神在全人类的生活中得到反映。这句话的署名者是：尤金·A.塞尔南、罗纳德·埃万斯、哈里森·H.施密特和美利坚合众国总统理查德·M.尼克松。这是我们留下的纪念，它等待着和我们一样的人，等待着你们中那些对未来许诺的人前来，再次阅读它，等待你们继续探索，拓展阿波罗的意义。"

很快，施密特爬上登月舱，塞尔南停在着陆支架上。从这里，他像尼尔·阿姆斯特朗那样，迈出了踏上月球的第一步。还是在这里，他将迈出他在月球上的最后一步。没有人知道在未来的多长时间里，这仍将是人类在月球的最后一步。这里非常适合用无线电传回他对这场伟大冒险的想法。

塞尔南："随着我在（月球）表面上迈出最后一步，我们就要回家了，再过一段时间才能回到这里来——但我们相信，未来的这个时刻不会太遥远。我想说几句我认为会留下历史记录的话。美国今天进行的挑战会塑造人类明天的命运。我们从陶拉斯-利特罗谷离开月球，像我们来时那样。若有天意，我们还会回来，为了全人类的和平与希望。愿阿波罗17号全体宇航员一帆风顺。"

他爬上梯子，关上舱门，几个小时后他们就和罗纳德·埃万斯会合，回到了月球轨道上。这是迄今为止最富有成效的一次任务，为科学家提供了很多年的研究素材。

在经历了返程的两天多飞行并溅落在海面之后，一切就这样结束了。从一位殉道的总统发起的挑战开始，人们在短短九年的时间里达成了目标。这将是未来至少四十年里人类最后一次离开母星（地球）。太空探索的黄金时代提前结束了。

然而，NASA的航天器装配大楼里还有一枚整装待发的土星5号火箭，它承载的任务规模堪比史诗。

阿波罗17号离开月球

## 蓝色弹珠

这是阿波罗时代最著名的照片之一，拍摄于阿波罗 17 号发射后 5 小时左右，也就是地月轨道转移后 2 小时左右。这是这次任务中唯一一张清晰的、光线充足的照片。多年来，环境保护主义者一直在用它来展示地球是多么脆弱。人们通常倒着看它，北极在顶部，这符合我们的习惯。在阿波罗 17 号轨道运行中，只有在特定的方向才能拍摄出这张照片。

对页图：塞尔南登上了月球车。进行月球漫步的宇航员研究出了一个上车技巧，使得跳跃和下落一气呵成。跳起来之后，他们会在下落的过程中把腿伸到月球车里。这样做比爬进去更快更容易。

第 24 章

CHAPTER

TWENTY-
FOUR

阿波罗的遗产

在阿波罗计划最辉煌的那些年里，NASA 还规划了阿波罗 17 号之后的任务。阿波罗 18 号到阿波罗 20 号任务可能是迄今为止最雄心勃勃的计划。即便如此，有人仍提议在这些能够较快实现的月球任务之外更进一步。

---

曾经有人计划使用阿波罗系列任务衍生硬件制成的助推器火箭（设想一下，助推器上有八个甚至更多 F1 发动机）进行火星探测。同时，也有人提出并研究了几十种关于后续月球任务的提案，涉及大型载人基地、受登月舱启发衍生出的“月球卡车”，等等。各家航空航天公司争先恐后地参与到航天事业中来，并都有着颇具野心的想法。其中有些构想是应 NASA 的要求设计的，有些则和官方支持无关。

最终，没有等到这些宏伟的设想实现，阿波罗计划就平淡地结束了。尽管如此，对于阿波罗计划留下的设备来说，还有很多事情需要做。

首先升空的是天空实验室（Skylab）项目。在现在的国际空间站之前，这是太空中最大的有人照料的设施。这个项目起源于冯·布劳恩早年提出的一项名为地平线计划（Project Horizon）的提案（该提案主要关乎用于军事目的的武装月球基地，它原本不是一个研究设施，但提案包括了空间站），以及空军利用双子座计划技术实现的军事平台：载人轨道实验室（Manned Orbiting Laboratory）。不管怎样，天空实验室最终靠阿波罗计划实现了。

天空实验室是由原来的土星 S-IVB 级（火箭）改造而成的空间站。

1973 年 5 月 14 日，这艘无人飞船由之前剩下的一枚土星 5 号发射升空。紧随其后升空的是一艘型号较旧的土星 1B 火箭，上面搭载了载人的阿波罗指令 / 服务舱。尽管无人的天空实验室在发射中遭到了破坏，但在执行过阿波罗 12 号任务的皮特·康拉德领导下，勇敢的宇航员团队冒险进行了舱外行走，并对它进行了维修，拯救了这个项目。接着又有两名宇航员追随他们的脚步来到天空实验室，但之后天空实验室就被关闭了。几年后，随着其轨道开始下降，NASA 期望通过航天飞机将其推到更高的轨道，但该计划的推迟导致天空实验室在 1979 年 7 月以不受控再入大气的方式彻底毁坏。

1975 年 7 月，剩下的一些还能飞的阿波罗硬件设备被用在了阿波罗 - 联盟号测试项目上。这个项目基本上是一个公关任务，两个航天器会进行对接。其中，来自阿波罗的设备将由迪克·斯莱顿（Deke Slayton）指挥对接。他是水星计划最初的 7 名宇航员之一，曾因心脏问题而失去机会。重新获得飞行资格的斯莱顿现在带着满腔的热情投入到任务中，他甚至前往苏联用当地的太空设备进行训练。苏联联盟号由列昂诺夫指挥，他是第一个在太空行走的人。阿波罗号和联盟号两艘飞船于 7 月

## 阿波罗 - 金星计划

作为阿波罗应用计划（Apollo Applications Program）的一部分，人们曾经考虑过设立金星载人任务。金星地表温度接近 500℃，大气压约为 8960 千帕，载人着陆是不可行的，但可以让航天器飞过金星，在这个过程中对它进行观察。这项任务将花费大约 14 个月的时间，虽然看起来很吸引人，但很难想象这样收集到的数据比 NASA 后来的麦哲伦（Magellan）和其他无人金星探测器的成果更有价值。

右图：在后阿波罗 - 金星任务中，阿波罗硬件设备——类似天空实验室的居住舱和实验舱——将开启一场耗时 14 个月的金星之旅，飞掠金星而不会着陆。

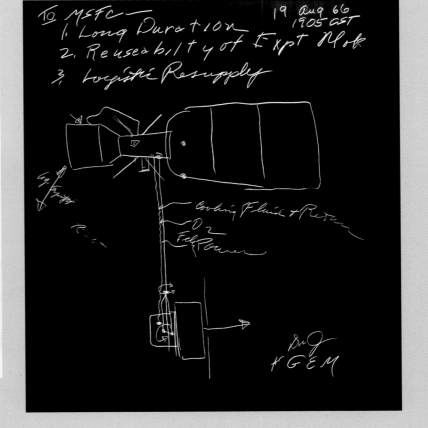

右图：NASA 副局长乔治·穆勒（George Mueller）1966 年绘制的天空实验室概念草图。

## X-20

在 NASA 努力实现登月目标时，美国空军正走在另一条由德国人开辟的太空之路上。X-20 是一个基于桑格尔跳跃式轰炸机（Sänger skip-bomber）的轨道轰炸和间谍平台。X-20 也被称为"Dyna-Soar"（动态飞行的英文 dynamic soaring 的缩写），设计由大力神 III 号火箭发射。它类似于 15 年后出现的航天飞机，但体积较小，专为一两名机组人员设计。它一直停留在模型阶段。

**左图：** X-20 就像一架早期形态的航天飞机装在了大力神号火箭上面，在 20 世纪 60 年代用于实现轨道飞行。

17 日通过一个特殊的对接适配器在地球轨道上实现对接。在飞船处于对接状态的 44 个小时里，握手和互访就是宇航员的全部任务内容，之后他们分离并各自返回地球。在此之后，NASA 再把人送上太空就要等到 1981 年航天飞机登上历史舞台了。

再之后，就是火星任务了。火星一直是很多 NASA 任务规划人员的终极目标，在 20 世纪 50 年代和 70 年代之间，载人火星任务的概念被他们研究了数百次。

这些任务中有很多都计划使用阿波罗硬件作为核心装备，特别是加长版的土星 5 号和增强型的指令舱。看到这些硬件，我们就能知道原计划中有什么精彩内容。

**对页图：** 天空实验室终于飞上太空。照片下面的波纹状金质覆盖物是皮特·康拉德和他的宇航员在进入空间站居住之前安装上的隔热板，右边的太阳能电池板本来应该有两片，还有一片一模一样的安在另一侧。

**左图：** 阿波罗 - 联盟号试验项目是冷战时代的产物，发生在美苏关系很紧张的时期。在这项被称为"太空握手"的任务中，公关的重要性被提升到了和技术持平的高度。

最后，除了天空实验室和阿波罗 - 联盟测试项目，我们还应该了解阿波罗项目衍生出的东西给地球带来了什么。下面这些例子可以让我们看到阿波罗计划对地球上的生活产生的影响：

· 阿波罗制导计算机是第一台使用集成电路的紧凑型计算机，也是我们今天所使用的高度小型化计算机的先驱。

· 在阿波罗计划进行的那些年，废水净化技术在舱内任务和延伸任务中得以发展进步。

· 众所周知，特氟龙正是为应对阿波罗计划中的多种应用场景而开发的。特氟龙及其衍生产品至今仍有广泛的用途。

· 在阿波罗时代，为宇航员清除液体中毒素的需求成了肾透析机技术的发展动力。

· 医学上使用的断层扫描（CT）和磁共振成像（MRI）是应阿波罗计划中成像和质量控制的需要而发展起来的。

这样的例子数以百计。相比太空飞行本身，这些事情也许显得平淡无奇，但正是这些技术让我们的日常生活变得更好。

最后，阿波罗计划还为我们留下了航天飞机，其上应用了 X-15、阿波罗计划，以及其他项目开发的技术。对 NASA 的后续计划来说，这是个合乎逻辑的选择。虽然它从未像设计中那样可靠而廉价，但它使美国在太空中多停留了近 30 年（目前的计划要求该项目在 2010 年逐步停止[1]）。尽管航天飞机计划目标远大，但从各角度看这都是一条死胡同。当然，未来可能会出现可以在太空飞行的飞机，但眼下 NASA 的航天振兴计划——星座发射系统（Constellation launch system）——更像是要重新回到阿波罗时代。

值得记住的是，那些早期到达月球的先驱者，他们的成功有不少运气的成分。阿波罗 13 号就没那么幸运了，但就算是在这场潜在的灾难之中，宇航员依然安全地返回了地球。在持续时间更长的火星任务中，或者在离地球很远的月球基地，此类紧急状况再度出现，宇航员的生命可能受到威胁。

因此，摆在我们面前的问题将不再是现在能做到什么，而是我们能从阿波罗及其后续计划中吸取什么教训，在未来去实现什么。我们想要什么样的梦想？我们要去追求什么？我们会为了什么而冒险？

上图：1959 年最早的 NASA 标志。橙色的球代表一颗行星，红色的三角形代表航空研究，环绕行星飞行的明亮白色物体是一个航天器。

下图：NASA 的航天飞机。相关项目既成功了，也失败了。它的成功之处在于制造出了世界上第一种（迄今为止唯一的）飞了 25 年的载人航天飞行器（航天飞机），它的失败之处则在于它不仅昂贵而且危险。

---

[1] 美国所有的航天飞机也已经在 2011 年 7 月 22 日正式退役。——译者注

# 阿波罗计划的未来

这是一份 1969 年的阿波罗未来计划备忘录。就在尼克松政府开始削减阿波罗飞行计划的前几周，NASA 仍在计划阿波罗 20 号任务。

*From NASA Hdg.*

**NATIONAL AERONAUTICS AND SPACE ADMINISTRATION**
WASHINGTON, D.C. 20546

AUG 4 2 12 PM '69

REPLY TO
ATTN OF:

July 29, 1969

TO:       A/Administrator

FROM:     M/Associate Administrator for Manned Space Flight

SUBJECT:  Manned Space Flight Weekly Report - July 28, 1969

1. APOLLO 11: First manned lunar landing accomplished:  July 16-24, 1969. First footstep on the moon at 10:56:25 p.m. EDT, July 20.

2. APOLLO 12: On July 24, Apollo 11 splashdown day, all centers and supporting elements were instructed to transfer to the alternate lunar exploration phase of the program. Our second landing mission, moving into the initial phase of a comprehensive lunar exploration program, will head for Site 7 in the western mare area -- Oceanus Procellarum -- several hundred feet from the Surveyor III landing point; Site 5 will be the backup site. Apollo 12 launch readiness is now targeted for November 14, with November 16 as the alternate date.

3. APOLLO 13: Apollo elements were also directed to proceed toward an earliest launch readiness date of March 9, 1970, aiming toward a touchdown in the Fra Mauro Highlands area of the moon.

4. CURRENT APOLLO PLANNING SUMMARY: Through Apollo 20, the fifteenth Saturn V flight, the tentative planning schedule stands as follows:

| FLIGHT | LAUNCH PLANS | | TENTATIVE LANDING AREA |
|---|---|---|---|
| Apollo 12 | November | 1969 | Oceanus Procellarum lunar lowlands |
| Apollo 13 | March | 1970 | Fra Mauro Highlands |
| Apollo 14 | July | 1970 | Crater Censorinus Highlands |
| Apollo 15 | November | 1970 | Littrow volcanic area |
| Apollo 16 | April | 1971 | Crater Tycho (Surveyor VII impact area) |
| Apollo 17 | September | 1971 | Marius Hills volcanic domes |
| Apollo 18 | February | 1972 | Schroter's Valley - river-like channelways |
| Apollo 19 | July | 1972 | Hyginus Rille region - Linear Rille-crater area |
| Apollo 20 | December | 1972 | Crater Copernicus - large crater impact area |

PA-MGR
PA-M.CSM
PA-M.LM
PA-M.LLO
PA-A.MgFLS
PA-TecAst
PA2
PD
PE
PF
PP
PT
FILES
NA

5. MSFC/LRV: The pre-proposal bidder's conference was held on July 23 at Michoud. Eight firms were represented: Allis-Chalmers, Bendix, Boeing, Chrysler, General Motors, Grumman, TRW, and Westinghouse. The next major milestone is August 22, when the proposals are due to Marshall.

INDEXING DATA

| DATE | OPR | # | T | PGM | SUBJECT | SIGNATOR | LOC |
|---|---|---|---|---|---|---|---|
| 07-29-69 | HQS | | M | APO | (Above) | MUELLER | 071-53 |

第 25 章

C H A P T E R

T W E N T Y -

F I V E

# 欧洲重返太空

1975 年欧洲航天局（European Space Agency, ESA）成立时，大西洋对岸向他们投来了一些怀疑的目光。那目光来自迄今为止最成功地进行了太空探索的地方。

在阿波罗计划耀眼的光环之下，人们很容易忘记，不久以前正是在德国，人类迈出了太空探索的最重要一步。在 17 个参与 ESA 计划的国家中，德国和法国出力最多。

ESA 总部设立在法国，任务控制中心设在德国和其他欧洲国家。其主要发射场位于法属圭亚那的库鲁（Kourou），位于南美洲巴西边境以北。ESA 和法国的太空机构国家空间研究中心（Centre National d'Etudes Spatiales, CNES）共享这里。该发射场与众不同之处在于它可以利用近赤道的发射轨道，在推进器相同的情况下，相比美国和俄国的发射场，这里可以将更重的飞船送往太空。

## 瑞典人在太空

ESA 是欧洲国家合作的产物，其太空探索事业可以广泛地招揽人才。2006 年执行 NASA 航天飞机 STS-116 号任务的瑞典科学家克里斯特·富格莱桑（Christer Fuglesang，上图）正是一例。作为一名物理学家，富格莱桑为建设国际空间站执行了多次太空行走任务。在总计 18 小时 15 分钟的舱外活动中，他工作在桁架结构（国际空间站的基本单元）上，重新布置了供电系统线缆，修复了故障的太阳能电池板。他是太空中首位北欧科学家。

上图：ESA/ 法国国家空间研究中心的阿丽亚娜 5 号火箭从法属圭亚那库鲁发射。阿丽亚娜是世界上最受欢迎的商业发射系统之一。

**上图：** 惠更斯号探测器在土卫六表面的艺术想象图。这一探测器在落地后进行了 90 分钟的数据传输。

**右图：** 国际空间站的哥伦布号太空实验舱。这个实验舱是 2008 年发射的，最多可同时搭载 10 个实验项目。

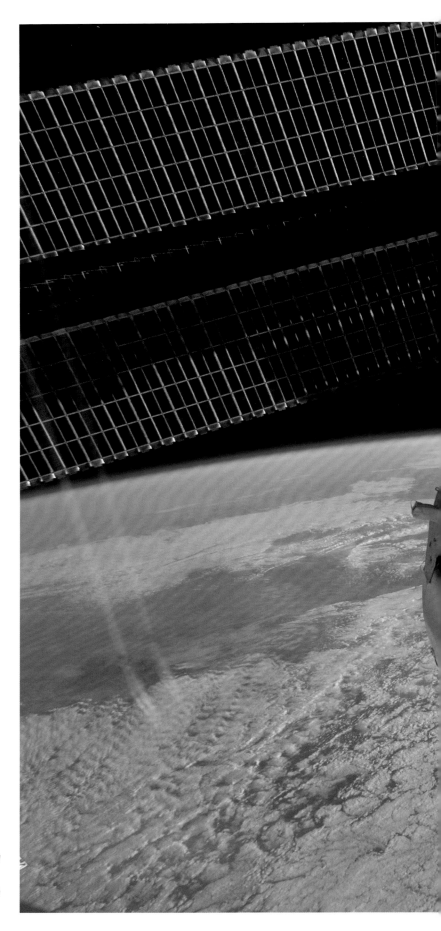

　　早期的 ESA 发射任务都是由欧洲的阿丽亚娜号（Ariane）发射的，不过近年来 ESA 和俄罗斯达成了协议，也会使用联盟号系列运载火箭。为此他们还建设了一个专门的发射场。欧洲的最新一代火箭产品，阿丽亚娜 5 号依然在产品生产线上。

　　ESA 曾经执行过一系列重要的无人太空探索任务。罗塞塔号（Rosetta）和乔托号（Giotto）进行了彗星探测。火星快车（Mars Express）还有其所搭载的着陆失败的英国小猎犬 2 号（Beagle-2）[1] 着陆器曾经对火星进行探索。在轨的 X 射线望远镜 [2] 和太阳望远镜 [3] 则分别成功地在没有地球大气干扰的情况下研究了深空天体和太阳。

　　较近期的 SMART-1（Small Missions for Advanced Research in Technology，用于先进技术研究的小型任务）是一艘使用了先进的离子推进系统的小型飞行器。该任务发射于 2003 年，收集到了月球上潜在水源的重要新信息，还对月球极地的山峰进行了检定，这里常年受到日照，可以作为潜在发电基地的选址。

　　迄今为止 ESA 无人任务中最令人激动的要数惠更斯号（Huygens）大气层探测器了，它在 2005 年 1 月高速进入土卫六的大气。惠更斯号由 NASA 制造的卡西尼号探测器携带，在土卫六附近与卡西尼号分离，

[1]　得名于达尔文曾搭乘的小猎犬号（HMS Beagle，或译贝格尔号）考察船。——译者注

[2]　包括 1983 年发射的欧洲 X 射线天文台卫星（EXOSAT）和 1999 年发射并仍在服役的 XMM- 牛顿卫星（X-ray Multi-Mirror Newton）两次任务。——译者注

[3]　ESA 和 NASA 的合作任务，著名的太阳和太阳圈探测器（SOHO），1995 年发射，现仍在服役中。——译者注

机动进入降落轨迹。在成功进行降落之后，惠更斯号存活了大约 30 分钟，传回图像及其他数据。原本人们认为土卫六上可能有大面积的甲烷海洋，甚至一开始大家都认为惠更斯号已经溅落到了其中的某片海洋之中，但它发回的奇异的照片并不支持这一判断，而是显示出更加干燥冰冷的地面。尽管如此，这区区几幅从土卫六表面传来的照片仍十分壮观，向我们展示了一片由湿沙、砾石和低矮山丘组成的区域。这也是迄今为止，无人探测器登上的最远的天体。

毫无疑问，ESA 和 NASA 合作最紧密的项目是建设国际空间站（International Space Station）。ESA 建设的哥伦布号实验舱（Columbus laboratory module）尺寸为 5 米 ×7 米。其上最多可以搭载 10 个实验设备，实验范围可以包括生物科学、太阳天文学到流体力学，于 2008 年初发射。

ESA 对未来计划雄心勃勃，包括载人任务、月球探索甚至火星之旅。

从很多角度上说，这些计划接续了 NASA 在 20 世纪 70 年代转向航天飞机后所终止的那些任务。

2001 年开始的曙光女神计划（Aurora Programme）设立了一个关于月球探索和火星探索任务的总体框架，既包括无人任务也包括载人任务。ESA 已经与 NASA 开始合作设计火星车和取样返回任务。载人登月任务被规划到 2024 年左右进行，随后是在 21 世纪 30 年代实现火星任务，由 NASA 和 ESA 共同执行。与俄罗斯同行的合作也正在进行探索。与此同时，ESA 依然和 NASA 在国际空间站项目上积极合作，并在过去的 20 年间共同为航天飞机训练宇航员。一个重要的成果是儒勒·凡尔纳号自动运载飞船（Jules Verne Automated Transfer Vehicle, ATV），和俄罗斯的进步号（Progress）宇宙飞船一样，它的设计目标是为国际空间站运送货物和消耗品。此外，自动运载飞船还被用来为国际空间站运输燃料，甚至还可以帮助提升空间站的轨道高度。

ESA 对人类太空探索的贡献多种多样，而且覆盖广泛。与俄罗斯的太空计划一道，他们为太空中的国际合作带来了光明的未来。

对页图：ESA 的儒勒·凡尔纳号自动运载飞船接近国际空间站时的效果图。由于该飞船不载人，所有的载荷都可以用来运输燃料、消耗品或者空间站组件。

## 走在时代的潮头：HOTOL

除了主导水平起飞和着陆（Horizontal Take-Off and Landing, HOTOL）的无人太空飞机项目，英国人在太空竞赛中几乎一直在静观其变。这一计划 1982 年启动，它的与众不同之处在于会从大气中提取所需的氧化剂，而不是携带液氧。作为英国宇航公司（British Aerospace）和罗尔斯 - 罗伊斯共同的探索项目，HOTOL 的设计遇到了一些有限预算内无法解决的技术挑战。1986 年这一计划被终止，但现在一个和它类似的，由私人提供资金的项目——云霄塔（Skylon）计划——仍然在继续对它进行研究。

左图：英国宇航 HOTOL 的艺术渲染图。这一单级入轨（Single-Stage-To-Orbit, SSTO）太空飞机可以携带的重量十分有限，而且它实际运行的成本远远高于制造成本。可惜的是，它一直停留在图纸上。

第 26 章

CHAPTER

TWENTY-
SIX

亚 洲 崛 起

人类究竟在什么地方开启了探索太空的时代？是水星号火箭的发射地美国，还是斯普特尼克卫星的家乡苏联？抑或是德国——第二次世界大战时飞向伦敦的 V-2 开启了新的远航？

---

这些都是有说服力的候选者，不过太空时代实际上起源于一千多年前的中国。在火药发明之后，中国人将这种给人类历史带来了重大改变的东西包到纸管里，用于装饰、娱乐以及对战。这才是火箭的起源。在现代西方社会的科学家发射火箭、探索月球之后，中国再一次抬头望向星空。这次，中国和日本也将起程。

中国现代太空项目的起源可以追溯至 1955 年，毛泽东提出，中国需要核武器和现代导弹技术来装备自己。中国最早的导弹于 1960 年发射[1]，是苏联导弹的仿制品。尽管 20 世纪 60 年代中苏关系恶化，中国仍然在持续研制可以携带常规弹头和核弹头的导弹。

20 世纪 60 年代，中国宣布启动一项载人航天计划。但在设计和试验阶段，政治和经济形势一直阻碍着项目的进展，直到 1976 年毛泽东去世，邓小平以国家有其他更迫切的需要为由叫停了这一计划。

1993 年，中国的航天项目重新启动，载人任务终于迎来曙光。1999 年，神州一号飞船进行了无人飞行。随后的 3 艘无人飞船搭载了不同的动物和传感器。2003 年 10 月 15 日，神舟五号搭载航天员杨利伟进入地球轨道并成功返回。

下图：神舟五号任务结束。这是中国首次成功实施载人航天计划。任务完成，媒体正准备和航天员见面。

---

[1] 中国最早的导弹东风 -1 短程弹道导弹于 1958 年 4 月开始研制，1960 年 4 月试射成功。——译者注

毫无意外，外界观察员认为这艘飞船是苏联联盟号飞船的高度仿制品。然而，尽管从 1962 年的苏联设计中借鉴了不少技术，但神舟飞船更新、更大、更强。假如苏联人成功抵达月球，联盟号大概就是这个样子。

此后的神舟六号任务于 2005 年执行，这次进入太空的是两名航天员费俊龙和聂海胜。这次任务持续了 5 天，十分成功。

为了进一步发展航天事业，中国已经将无人月球车成功发射到月球，并宣布了 2030 年中期的载人登月计划。[1] 具体的执行时间尚无法确定，因为哪怕是在今天，太空飞行也是极为困难的。可以确定的是，只要没有巨大的国家动荡，中国最终一定能够成功登陆月球。在中国的东边，日本也在规划奔向太空之路。规模稍小的日本项目更加注重合作，循序渐进。日本的航天机构最早于 1969 年成立，原名宇宙开发事业团（National Space Development Agency），后与其他机构在 2003 年统合，成为日本宇宙航空研究开发机构（Japan Aerospace Exploration Agency, JAXA）。

自 1992 年起，日本就派出宇航员加入美国航天飞机任务，其中第一位宇航员是毛利卫。还有其他宇航员追随他的脚步。而且，日本还在国际空间站上贡献了重要的日本实验舱（Japanese Experiment Module, JEM），希望号（Kibo）。这是一个在轨实验室，也是国际空间站上的最大单体组件。希望号可以让宇航员在太空中进行此前不可能完成的研究。

几十年来，日本已经进行了多次火箭发射，其间经常与其他国家合作。日本的第一颗卫星大隅号于 1970 年成功入轨。日本人自行研制了更加强大的火箭（H2 和后期的 M-V 系列），并且用它们实施了更加雄心勃勃的计划。包括 X 射线天文望远镜[2] 项目和其他天文研究项目在内，一系列无人研究任务都已成功发射。此外，和欧洲人一样，日本人也对彗星进行了探测，目标包括 1985 回归的哈雷彗星。日本的隼鸟号（Hayabusa）任务成功探访了小行星，并于 2010 年返回地球，它可能携带了小行星的岩石样本。[3]

日本的太空项目中，最引人注目的也许是无人月球环绕卫星辉夜号（Kaguya）。它传回了月球大部分地区的高分辨率影像，包括阿波罗任务若干着陆点的影像。

和中国一样，日本也有着载人登月的雄心。日本计划将登月任务安排在 2020 年，并计划在 2030 年建立月面基地。国际空间站项目的成功使得日本决定在登月任务中进行国际合作。日本本国的探月计划将很大程度上受到国际合作方投入的影响。如果国际经费来源有限，日本也许会和中国一样选择"独自行事"。

对页图：长征二号 F 运载火箭于 2008 年 9 月 25 日将神舟七号送入轨道。这次任务使得中国成为第三个成功在地球轨道实现太空行走的国家。

## 毛利卫（1948—）

毛利卫是跟随美国航天飞机进入太空的第一位日本宇航员。身为化学博士的他是当时最合适的人选。生于 1948 年的毛利卫曾经执行过两次航天飞行任务——1992 年的 STS-47 任务和 2000 年的 STS-98 任务。在前一次任务中，他参与了 NASA 与日本政府合作的太空实验室 -J（Spacelab-J）项目中的 43 项实验。毛利卫现在是日本科学未来馆馆长。

[1] 截至 2019 年，中国载人登月工程仍在进行研究，尚未到决策阶段。——译者注
[2] 日本 JAXA 的 X 射线太空望远镜瞳号（Hitomi）于 2016 年 2 月 17 日成功发射升空。但在进行了一段时间的成功观测之后，软件错误使得该卫星自转失去控制，发射 38 天后卫星解体。——译者注
[3] 2003 年发射升空，由离子发动机推进的隼鸟号于（日本时间）2005 年 11 月 26 日成功降落于目标小行星 25143 "糸川"并尝试进行采样。2010 年 6 月 13 日隼鸟号携带样本舱返回地球并再入大气，除样本舱外其他部分在再入时燃烧殆尽。当年 11 月 16 日确认采集到了小行星物质样本。这是人类历史上首次将小行星样本带回地球的任务。——译者注

上图：日本宇航员野口聪一在 STS-114 任务中进行舱外行走。

## 中国和印度进入太空

　　中国是继俄罗斯和美国之后第三个将人员送入太空并进行舱外行走的国家。2008 年 9 月 25 日，中国发射了神舟七号飞船，这是一艘最新型的俄罗斯联盟系列风格飞船。早期的神舟系列任务已经取得了成功，在这次任务中，航天员翟志刚进行了太空行走。印度也将目标对准了太空，印度空间研究组织（Indian Space Research Organisation, ISRO）与 NASA 展开了紧密的合作。印度第一枚大型火箭于 1979 年首飞，在 1994 年，印度人成功发射了目前担任主力的极轨卫星运载火箭（Polar Satellite Launch Vehicle , PSLV）。印度在国际卫星发射市场上也很活跃，与 NASA 合作执行了很多无人任务。2008 年 10 月 22 日，印度成功使用本国火箭发射了自己的月球探测器。

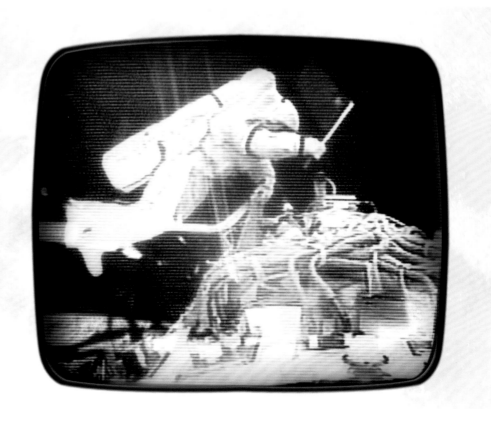

右图：在这幅视频截图中，中国航天员翟志刚在神舟七号任务中进行舱外行走，他携带了一面中国国旗。

日本的月球探测器

这是一份关于辉夜号的宣传手册。作为月球探测器，辉夜号十分成功。这一卫星于 2007 年 9 月发射，此后发回了关于月球景观和山脉的极佳数据。现在，日本宇宙航空研究开发机构取代了之前的宇宙开发事业团，成了日本的国家级宇航机构。

空へ挑み、宇宙を拓く
JAXA

# 月周回衛星「かぐや」
## SELENE : SELenological and ENgineering Explorer "KAGUYA"

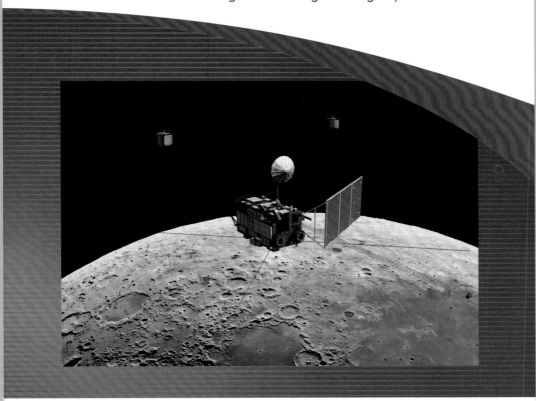

　2007年9月14日、日本初の大型月探査機がH-ⅡAロケットによって打ち上げられました。この探査機は「かぐや（SELENE:SELenological and ENgineering Explorer）」と呼ばれ、アポロ計画以来最大規模の本格的な月の探査計画として、各国からも注目されています。

　これまでの探査計画でも月に関する多くの知識が得られましたが、月の起源・進化に関しては、依然として多くの謎が残されています。「かぐや」は搭載された観測機器で、月表面の元素分布、鉱物組成、地形、表面付近の地下構造、磁気異常、重力場の観測を全域にわたって行います。これらの観測によって、月の起源・進化の謎を総合的に解明できると期待されています。また、プラズマ、電磁場、高エネルギー粒子など月周辺の環境計測も行います。これらの計測データは、科学的に高い価値を持つと同時に、将来月の利用の可能性を調査するためにも重要な情報となります。

　Japan's first large lunar explorer was launched by the H-IIA rocket on September 14, 2007 (JST). This explorer named "KAGUYA (SELENE: SELenological and ENgineering Explorer)" has been keenly anticipated by many countries as it represents the largest lunar exploration project since the Apollo program.

　The lunar missions that have been conducted so far have gathered a large amount of information on the Moon, but the mystery surrounding its origin and evolution remains unsolved. KAGUYA will investigate the entire moon in order to obtain information on its elemental and mineralogical distribution, its geography, its surface and subsurface structure, the remnants of its magnetic field and its gravity field using the observation equipment installed. The results are expected to lead to a better overall understanding of the Moon's origin and evolution. Further, the environment around the Moon including plasma, the electromagnetic field and high-energy particles will also be observed. The data obtained in this way will be of great scientific value and also be important information in exploring the possibility of utilizing the Moon in the future.

第27章

CHAPTER

TWENTY-
SEVEN

月球基地

## 月球会是这个世界的终极军事"高地"吗？它是否能在未来为跨国合作研究提供规模前所未有的基地？

"月球需要建立有人值守的军事基地。为了保护美国在月球上的潜在利益，为了在月球基地上监视地球和太空，进行通信中继并在月面行动，为了建设探索月球和进一步探索太空的大本营，在需要时在月球进行军事行动，为了支持月球上的科学探索，我们必须在月球上设立基地。"

——（美军）研究与发展主任致军械部队主任
1959 年 3 月 20 日信件
《建议建立月球基地》[1]

这段近期解密的备忘录选自美军的地平线计划，于 1959 年在内部传阅。这是一份构建月球基地的计划，需要土星 1 号和土星 2 号完成 100 多次发射，预计于 1964 年启动。基地最初会有两人进驻，最终会配备 12 名"太空士兵"。基地的主要任务是监视地球并维持核反击能力，所以基地会装备核导弹、低当量的战术核火箭以及反人员地雷。可以看出，当时人们预计美国和苏联将在月球上进行近距离战斗。

幸运的是，这一计划从来没有真正进入实施阶段，核导弹被换到了潜艇当中——也不知是好是坏。但是，直到现在，太空强国还保持着对月球基地的兴趣。不过，在当下的环境中，新的月球探险家将会是科学家而不是战士。

作为这个时代依然处于领头羊地位的研究机构，NASA 已经计划重返月球。在新千年的头十年，星座计划成为 NASA 最重要的太空探索项目。经过大幅改进的阿波罗式太空舱——猎户座载人探索飞船（Orion Crew Exploration Vehicle, CEV）——将参与这一计划。一同参与计划的还有为猎户座飞船设计的现代发射系统阿瑞斯号（Ares），这是著名的土星 5 号在星座计划中的版本。

然而，20 世纪头十年快要结束时发生的经济危机迫使美国政府重新审视了财政支出情况。2010 年，时任总统贝拉克·奥巴马（Barack Obama）以超支和缺乏创新为由取消了星座计划。总统的这一决定遭到了严厉的批评，2011 年，星座计划最精华的部分得以重组，这依然是 NASA 当下月球探索计划的核心。

下图：猎户座多用途载人飞船可以携带 4 名宇航员，这体现了 NASA 当前关注的重点——适合多类别任务的技术，适应从近地轨道到登陆火星之间的任何情境。

1    Reference letter dated 20 March 1959 to Chief of Ordnance from Chief of Research and Development, CRD/1 (S) Proposal to Establish a Lunar Outpost (C).

2011 年公布的猎户座多用途载人飞船（Orion Multi-Purpose Crew Vehicle, Orion MCPV）是星座计划中猎户座载人探索飞船的后继者。猎户座多用途载人飞船被设计适用于多种太空探索工作——从国际空间站的物资运载到着陆于小行星、月球甚至火星。

从被取消的阿瑞斯发射系统和航天飞机项目中发展出的太空发射系统（Space Launch System）是当下用于深空探索的重型发射载具。和猎户座飞船一样，该发射系统可以灵活适应各种任务。

根据猎户座飞船和太空发射系统项目的进展，唐纳德·特朗普（Donald Trump）总统于 2017 年 12 月 11 日签署了空间政策 1 号令。他正式指示 NASA 重新将工作聚焦于有人直接参与的太空探索，力争在 1972 年之后再次将宇航员送上月球。

NASA 目前计划于 2019 年返回月球。这一任务会使用太空发射系统将不载人的猎户座飞船发送到月球并返回。这一测试会在所有载人飞行之前确认猎户座飞船的安全性。如果无人测试通过，那么下一阶段的工作就可以正式展开了。

第一个永久的月球前哨站也许会是月球轨道平台 - 门户（Lunar Orbital Platform-Gateway，LOP-G，原名深空门户，Deep Space Gateway）。和国际空间站一样，月球轨道平台会由 NASA、俄罗斯联邦航天局（Roscosmos）、欧洲航天局、日本宇宙航空研究开发机构和加拿大航天局合作建立。该平台会在月球轨道设立，包含宇航员的生活空间、其他航天器的对接平台、物资模块和气闸室。一旦建成，前往月球表面的载人任务和无人任务都会将这里作为重要集结地，它甚至有希望为前往火星和太阳系其他天体的任务服务。月球轨道平台 - 门户的第一个模块计划于 2022 年 6 月发射。

现代航天项目的一个独特之处在于，私有企业在其中扮演了先锋的角色。尤其值得一提的是，太空探索技术公司（SpaceX）在推进技术发展和吸引媒体目光两个方面都展现了无与伦比的能力。2017 年 2 月，SpaceX 宣布要将两名游客送上太空，促成类似阿波罗 8 号任务的绕月旅程。2018 年 9 月，他们公布了第一位太空游客。他叫前泽友作，他计划邀请 6~8 位艺术家与他同行。2018 年 2 月，SpaceX 在猎鹰重型运载火箭（Falcon Heavy）的测试飞行中将 CEO 埃隆·马斯克（Elon Musk）的特斯拉 Roadster（Tesla Roadster）跑车作为载荷发射升空。跑车的驾驶员是穿着宇航服的模型假人"星人"（Starman）。猎鹰重型火箭是一款可以部分回收利用的发射系统。如果这一系统得以完善，那么太空旅行的成本就可以大大降低。

"星人"的照片在新闻和社交媒体上不断刷屏。随之而来的是猎鹰重型火箭三个推进器中的两个在卡纳维拉尔角成功降落的视频。人们热切的关注和迸发的热情展现了人类对探索未知的恒久热爱。资金也许时断时续，发射系统也会随时代变迁，但终有一日人类会返回月球，再开启驶向更远处的旅程。

对页图：引领地球轨道之外探索的 NASA 太空发射系统，此图为效果图。

右图：2014 年 12 月 5 日，猎户座飞船首次测试发射的任务徽章。

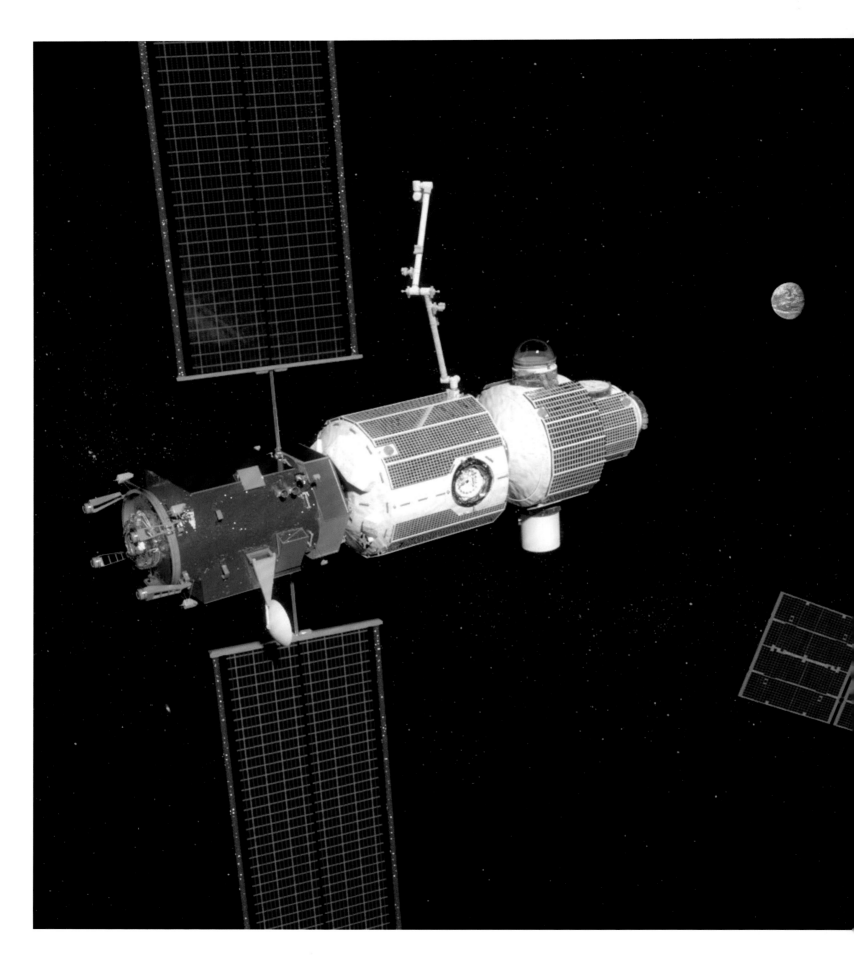

## 中国能否一枝独秀？

中国以创纪录的速度获得了实力和技术，中国探索宇宙的热情也随之高涨。中国的月球探索计划与美国等国家的时间表步调基本一致。2013 年，中国的月球车玉兔号降落在月球雨海。中国的月球探索计划推进得快速而大胆。2019 年，中国成为首个有设备在月球背面着陆的国家 [1]，中国或许会在 2036 年实现首次载人登月任务。

**上图：** 2013 年 12 月 23 日，中国玉兔号月球车出发执行任务，探测月球雨海。照片前景显示了着陆器的一部分。玉兔号搭载了用于研究月球地质情况的仪器。其着陆器本身就携带了首个月基望远镜。

**上图：** SpaceX 首席执行官埃隆·马斯克在社交媒体上发布的"星人"最终影像。这一影像被广泛传播，社交媒体强有力地激发了人们对太空探索的兴趣。

**左图：** 月球轨道平台 - 门户的效果图。这将是人类探索月球表面及更遥远太空的枢纽。

[1] 2019 年 1 月 3 日，玉兔二号月球车（月表巡视器）随嫦娥四号成功着陆于月球背面南极 - 艾特肯盆地（South Pole–Aitken Basin）的冯·卡门撞击坑（Von Kármán Crater）。——译者注

# 部 分 资 料 译 文

P42—43《真理报》内容
祖国向英雄致敬

[ 照片 ]
宇航员在发射中心：V.A. 沙塔洛夫上校、B.V. 沃利诺夫上校、A.S. 埃利西夫上校和 E.V. 赫鲁诺夫上校。塔斯社电传图片

**工作场所的宇宙观**

联盟 4 号和联盟 5 号宇宙飞船的旅程，向全世界展示了我国将科技成果用于和平目的的强大能力和不懈努力，这将造福苏联人民和全人类——LEPSE 工厂的车床操作员萨波日尼科夫（A.Sapozhnikov）如此评价这一重大事件。昨天，为了让四名苏联宇航员完成这次任务，工厂举行了一次参加人数众多的会议。

"我们生活在一个幻想和现实之间的界限正在逐渐消失的时代。我们的人民已经完成的一切都超出了想象。"设计工程师史丹基（E.Shtangi）如是说。

共青团成员、钻井操作员尼古拉·德米特里耶夫（Nikolai Dmitriev）强调，这场征服太空的新胜利在全国各地工厂的工人中掀起了一股强大的热潮。他号召青年和全体工人发扬以身作则的精神，提高劳动生产率，肩负起社会主义者的责任。

科技部副部长阿库廷（I.V.Akhutin）昨日在瓦维洛夫州立光学研究所（S.N.Vavilov State Optical Institute）的一次员工会议上说，苏联人民用灿烂的宇宙烟火庆祝了 1969 年新年的到来，在金星 5 号和金星 6 号发射之后，又发射了由四名勇敢的宇航员驾驶的宇宙飞船。"我们在有生之年看到了第一个苏联空间站在环绕地球的轨道上组装。我相信完整的集成实验室很快就能在地球轨道上工作了。"

巴拉诺夫研究院（B.K.Baranov Institute）科学部负责人将我们宇航员的成就称为我们时代的奇迹。他表示，研究所的工作人员受到了来自太空领域巨大胜利的鼓舞，正在尽最大努力制造完美的光学仪器和设备，为国民经济服务。

数学物理科学博士雅罗斯拉夫斯基（N.G.Yaroslavsky）特别指出，空间实验对精确性的要求极为严格，需要宇航员掌握精湛的技术，还需要太空飞行中使用的成套仪器和设备具有优良的质量。

在他们刚通过的决议中，与会人员强调，研究所成员决心以新的成就来回应"空间四重奏"的壮举，并以相应的方式迎接列宁诞辰 100 周年。

昨天，沃兹罗兹德尼（Vozrozhdenie）纺纱厂举行了一次会议，专门讨论苏联在空间科学技术方面的最新成就。

工程车间的装配工布尔舒金（M.N.Bolshukhin）说，实现联盟 4 号和联盟 5 号这样的大型宇宙飞船对接，让宇航员成功从一艘飞船转移至另一艘飞船，这是苏联人民的一项辉煌成就。"只有通过不懈的、卓有成效的努力，才有可能完成这样非同凡响的实验，它带来了进一步征服太空的潜力。"

副领班克辛（B. A. Korzin）呼吁纺织工人在（太空领域的）成功的感召下，更加努力地工作。

全联盟列宁主义青年共产主义联盟委员会秘书长加林娜·萨多达（Galina Salodar）代表青年人向宇航员表达了感激之情。她确认在今年的"五年计划"中，年轻的工人们成功地完成了生产任务。

致敬苏联宇航员英雄壮举的会议在列宁格勒管道铸造厂（Lentrubrit）和哲里亚波夫纺织印染厂举行。（塔斯社，列宁格勒）

**跨越深渊的两步**
太空行走技术

联盟 4 号和联盟 5 号这次飞行的一个显著特点是，航天器在轨道上对接后，两名宇航员通过开放空间从一个航天器的在轨舱走到另一个航天器的在轨舱，这是人类第一次进行这样的太空行走。

苏联这次太空飞行的成就拥有无法估量的重要意义。

除了进行与太空行走相关的活动外，这次复杂的科学实验还进行了密集的科学观察，录像并拍摄了照片。

让我们试着回顾一下这一史无前例的行动——"跨越深渊"——的步骤。我们应该知道，在太空行走之前，两名宇航员必须离开太空船的在轨部分（它本身是一个气闸室），穿上太空服，穿过另一艘飞船的在轨舱，然后在那边脱下太空服，继续他们计划中的任务。

因此，在准备和进行太空行走的过程中，宇航员必然会有一系列的行动和操作，例如穿上太空服并对其进行气密性测试，启动自主生命支持系统，控制气闸系统，以及操作科学设备和拍照设备。

显然，如果没有接受过深入的集中培训，整个团队不可能成功地执行任务。

通过对列昂诺夫（A.A.Leonov）1965 年 3 月首次太空行走经验的研究，我们知道宇航员在太空行走时除了会经历失重，还会被其他不利的环境因素影响。这些因素包括空气压力降低，穿上宇航服活动受限，温度异常，还有进入天空并在真空中工作时需要克服的心理障碍。

在本次团队训练中，除了基本的专业技能外，参加太空行走的宇航员还必须学习应对这些情况。

在准备模拟器过程中出现的问题非常复杂且前所未见，专家们必须为各种技术和方法问题找到创造性的解决方案。这里需要的是一套专门的模拟器系统，使宇航员能够练习并强化太空行走时的技能。这样一个模拟器系统被制造了出来。其中一个被称为"飞行实验室"。在这里，在失重的情况下，宇航员积累了各类经验——穿上宇航服在真空中工作的，在行走过程中使用各种仪器进行实验，出入于轨段舱门，触发通信和远程测量的连接。

这个实验室包括对接航天器之间转移区的等比例模型，以及相应的生命支持和控制设备。

它能够帮助宇航员进行必要的技能训练。

宇航员会穿着宇航服，在压力室里练习在太空行走时操作气闸和生命维持系统。压力室中的大气会被抽取到接近太空中的自然真空的程度。

宇航员在太空行走过程中的相互配合，还有操作科学设备和拍照设备的方法，都要在飞行实验室和压力舱中进行单独的练习，然后再在特制的全方位模拟器中综合练习。

建立模拟器系统的同时，配套的训练方法也一同出现，以确保宇航员得到有效的训练，能够练习和巩固必要的技能。

针对宇航员太空行走任务的训练主要有两个设计原则：（1）尽可能接近宇航员的工作环境和太空行走时的实际条件；（2）逐步增加行动的复杂性，直到宇航员能够做好所有动作为止。

这些原则加上一定数量的必要训练保障了联盟 4 号和联盟 5 号飞船宇航员的高标准。

在这项不同凡响的实验中，宇航员叶甫盖尼·赫鲁诺夫（Evgeny Khrunov）和阿列克谢·叶利谢耶夫（Alexei Eliseev）从一个航天器走到了另一个航天器。这是征服太空的重要一步。从这次太空飞行中获得的经验将成为培训其他宇航员队伍的基础，后面这些队伍的任务将是在太空轨道上建立新的科学研究基地。

工程师安德烈夫（N.ANDREEV）（塔斯社）

**一份来自列宁格勒的科学家的评论**
一项非常有价值的实验

宇宙飞船联盟 4 号和联盟 5 号的飞行仍然是公众关注的焦点。昨天，《真理报》记者扎哈尔科（V.Zakharko）请基洛夫军事医学院（S.M.Kirov Military Medical Academy）航空医学部对这次轨道飞行的结果进行评论。

该部主任、医学科学博士古尔维奇（G.I.Gurvich）教授说："由苏联人民掀起的宇宙探索的风暴越发猛烈。经验表明，人类必须在太空中停留很长时间，才能更全面地对外层空间进行研究。要实现这一切，人类必然需要在轨建成可居住的空间站，并且轮换运送宇航员、各种仪器和其他货物。因此，航天器对接是一项重要的成就，这将征服太空的使命和太空医学的发展带到了一个新的阶段。"

宇航员，特别是执行太空行走的宇航员叶利谢耶夫和赫鲁诺夫的医学检查数据，能够进一步改进航天器和可自持宇航服的设计提供帮助，这将有助于为人类的太空活动创造更好的条件。对医生来说，最有价值的是宇航员压力和紧张情绪的数据。

第一位医生宇航员叶戈罗夫（B.Egorov）曾经在上升 1 号飞船（Voskhod-1）相当有限的条件下进行工作。在轨实验室能为包括医生在内的所有宇航员提供进行科学实验的较好条件。他们能够使用各种仪器进行细致的研究，可以直接、全面地研究宇航员对失重、气压变化、温度变化，以及太空飞行中其他影响因素的反应。

在这样的实验室中，医生能获得关于人体适应太空特殊环境的重要信息。这些材料不仅有助于人类征服太空，毫无疑问，它们也可以促进和改善群众的疾病预防和医疗工作。

古尔维奇总结说："勇敢的苏联宇航员完成的独一无二的实验对于很多学科，尤其是医学，具有重要的意义。"

**一段回忆……**
**宇航员需要的多吗？**

作为四位勇敢宇航员中的一员，叶甫盖尼·赫鲁诺夫现在闻名世界了。这位宇航员的导师彼得罗夫（K. Petrov）曾在一次公开演讲中提到过一段今天回忆起来很有趣的故事。他说那是一个叫热尼亚（Zhenya）的人。现在我们知道这就是赫鲁诺夫……

一位朋友——一位驻地偏远的战斗机飞行员——曾经拜访过我们的一位宇航员。当同一个团的战友聚在一起时，有很多往事要回忆，有很多故事要讲。客人把团里的状况告诉给了他……然后，（他）似乎随口问了一句："热尼亚，你最近过得怎么样？""没什么新鲜事。还是原来的军衔。我不追求升职。最重要的是，我乐在其中。它干脆出现了我的生活。"

少校看了看他朋友房间里的书架。真是个图书馆！这些书涉及的领域包括党的代表大会决议、历史、合金技术、艺术、电子、医药、火箭、气象、体育、诗歌、天文学、数学、心理学、科学仪器制造、地理、物理学……客人疑惑地问："你真的需要这些吗？""当然。"主人回答。少校不相信。"好吧，你读齐奥尔科夫斯基、基巴利契科、埃夫雷莫夫的《仙女座》、当代火箭制造，我都理解，这些是你的专业。但马卡连柯、列宾、巴甫洛夫、斯坦尼斯拉夫斯基——这些人的书真的与太空有关吗？"

这位宇航员告诉他的朋友，有一次他碰巧来到了一个与航天科学领域有着密切联系的研究所。他和那里的人正在聊天，话题忽然转向了艺术。一位科学工作者问宇航员："你觉得毕加索的画怎么样，叶甫盖尼·瓦西里耶维奇[1]？他的色调真是太棒了！他似乎曾经从外太空观察过我们的星球。这太棒了！"

出于礼貌，宇航员同意毕加索的画确实笔调"美妙"，尽管他一点也不了解毕加索的画。他回家时很沮丧——他们平等地和他谈话，但他觉得自己像个无知的人。也许这是叶甫盖尼第一次认识到，不论是在理论上还是在实践中，他需要了解的还有很多。宇航员被认为是受过高等教育的人。在人类知识的宝库中，有很多学科和他的专业有直接或间接的关系。他需要了解心理学、电子学、体育、医学、物理冶金，等等。

"所以，你自己判断一下，我们宇航员需要很多不同的东西吗？"主人笑着问。客人回答说："是的，我明白了！"

---

[1] 瓦西里耶维奇是叶甫盖尼的父名。俄语中称呼名及父名表示尊敬。——译者注

# 索引

# 图 片 版 权

The publishers would like to thank the following sources for their kind permission to reproduce the pictures in this book.

Pages 2-3: GRIN/NASA; 4: Universal/Getty Images; 6: NIX/NASA; 9: NASA; 10: NASA; 11: Wikimedia; 12 (top left): Bettmann/Getty Images, (bottom left): Bettmann/Getty Images, (bottom right): Bettmann/Getty Images; 13 (left): Bettmann/Getty Images, (top right): Bettmann/Getty Images, (bottom right): Public Domain; 14: NASA; 15: NASA; 16 (top): NASA, (bottom): NASA; 17 (left): NASA, (top right): NASA, (bottom right): NASA; 18-19: JSC History Collection, University of Houston/Clear Lake; 20: NASA; 21 (left): Author's collection, (right): Wikimedia; 22: NIX/NASA; 23 (left): NIX/NASA, (right): NIX/NASA; 24: NASA; 25 (left): Wikimedia, (right): NIX/NASA; 26: GRIN/NASA; 27: JSC History Collection, University of Houston/Clear Lake; 28 (top): NIX/NASA, (bottom): NIX/NASA; 29: GRIN/NASA; 30: NASA; 31 (left): NASA, (top right): GRIN/NASA, (bottom right): GRIN/NASA; 32 (top): JSC History Collection, University of Houston/Clear Lake, (bottom): NIX/NASA; 33: NIX/NASA; 34: NIX/NASA; 35: JSC History Collection, University of Houston/Clear Lake; 36-37: JSC History Collection, University of Houston/Clear Lake; 38: NASA; 39: NIX/NASA; 40 (left): Mark Wade, Encyclopedia Astronautica, (right): NIX/NASA; 41 (top): NIX/NASA, (bottom left): NIX/NASA, (centre): Author's collection, (bottom right): Wikimedia; 42-43: Kansas Cosmosphere Archives; 44: NASA; 45: NSSDC/NASA; 46: GRIN/NASA; 47: GRIN/NASA; 48: NSSDC/NASA; 49: NIX/NASA; 50-51: NIX/NASA; 52: NASA; 53 (left): NIX/NASA, (right): GRIN/NASA; 54-55: JSC History Collection, University of Houston/Clear Lake; 56 (left): NIX/NASA, (right): NIX/NASA; 57 (top): GRIN/NASA, (bottom): GRIN/NASA; 58: NASA; 59 (left): NIX/NASA, (right): GRIN/NASA; 60: NIX/NASA; 60-61: GRIN/NASA; 61 (top): Kansas Cosmosphere Archives, (bottom): NIX/NASA; 62-63: JSC History Collection, University of Houston/Clear Lake; 64: NASA; 65: GRIN/NASA; 66 (top): NIX/NASA, (bottom): GRIN/NASA; 67 (top left): NSSDC/NASA, (bottom left): JSC History Collection, University of Houston/Clear Lake, (right): JSC History Collection, University of Houston/Clear Lake; 68: NIX/NASA; 69: NIX/NASA; 70 (left): NIX/NASA, (right): NIX/NASA; 71 (top): GRIN/NASA, (bottom): Wikimedia; 72: NASA; 73 (left): NIX/NASA, (right): GRIN/NASA; 74 (top): NIX/NASA, (bottom): GRIN/NASA; 75: NSSDC/NASA; 76: NASA; 77 (top): GRIN/NASA, (bottom): JAXA/NHK, Japan; 78: NASA; 79: GRIN/NASA; 80: NIX/NASA; 81 (left): NIX/NASA, (right): GRIN/NASA; 82: NIX/NASA; 83: JSC History Collection, University of Houston/Clear Lake; 84-85: JSC History Collection, University of Houston/Clear Lake; 86: NASA; 87 (left): NIX/NASA, (right): GRIN/NASA; 88: GRIN/NASA; 89 (top): NIX/NASA; 90: GRIN/NASA; 91: NIX/NASA; 92: NASA; 93 (top): GRIN/NASA, (bottom): NIX/NASA; 94: Eric Jones, the Apollo Lunar Surface Journal; 95: GRIN/NASA; 96-97: JSC History Collection, University of Houston/Clear Lake; 98: NASA; 99 (left): NIX/NASA, (right): GRIN/NASA; 100: NASA; 101: GRIN/NASA; 102 (top): NIX/NASA, (bottom): GRIN/NASA; 103: GRIN/NASA; 104 (left): NIX/NASA, (right): JSC History Collection, University of Houston/Clear Lake; 105: JSC History Collection, University of Houston/Clear Lake; 106-107: JSC History Collection, University of Houston/Clear Lake; 108: NASA; 109 (left): NIX/NASA, (right): GRIN/NASA; 110 (top left): NIX/NASA, (bottom left): NIX/NASA, (right): GRIN/NASA; 111: JSC History Collection, University of Houston/Clear Lake; 112: GRIN/NASA; 113: NIX/NASA; 114: NASA; 115 (left): GRIN/NASA, (right): NIX/NASA; 116 (top): NIX/NASA, (bottom): GRIN/NASA; 117 (top): NIX/NASA, (bottom): NASA; 118 (top): GRIN/NASA, (bottom): NIX/NASA; 119 (top): GRIN/NASA, (bottom): Universal/Getty Images; 120 (top): GRIN/NASA, (bottom): NIX/NASA; 121: JSC History Collection, University of Houston/Clear Lake; 122-123: JSC History Collection, University of Houston/Clear Lake; 124: NASA; 125 (top): NIX/NASA, (bottom): GRIN/NASA; 126 (top): NSSDC/NASA, (bottom): NASA; 127: GRIN/NASA; 128: GRIN/NASA; 129 (top): NIX/NASA, (bottom): Author's collection; 130: NASA; 131: NIX/NASA; 132 (top): GRIN/NASA, (bottom): NASA; 133 (top left): NIX/NASA, (top right): Wikimedia, (bottom left): NIX/NASA; 134: NASA; 135 (top): NIX/NASA, (bottom): GRIN/NASA; 136 (top): GRIN/NASA, (bottom left): NIX/NASA, (bottom right): NASA; 137 (top left): NIX/NASA, (top right): JSC History Collection, University of Houston/Clear Lake, (bottom right): NIX/NASA; 138: NASA; 139: GRIN/NASA; 140 (top): GRIN/NASA, (bottom): GRIN/NASA; 141 (top): GRIN/NASA, (bottom): NIX/NASA; 142-143: JSC History Collection, University of Houston/Clear Lake; 144: NASA; 145: NIX/NASA; 146: GRIN/NASA; 147 (top): NIX/NASA, (bottom): NASA; 148: GRIN/NASA; 149: NIX/NASA; 150: NASA; 151 (left): NSSDC/NASA, (right): NSSDC/NASA; 152: GRIN/NASA; 153 (top): USAF/BOEING, (bottom): NIX/NASA; 154 (top): NIX/NASA, (bottom): GRIN/NASA; 155: JSC History Collection, University of Houston/Clear Lake; 156: NASA; 157 (left): GRIN/NASA, (right): ESA; 158: ESA; 158-159: NIX/NASA; 160: NIX/NASA; 161: Emil Petrinic; 162: NASA; 164: NIX/NASA; 165: JAXA/NHK, Japan; 166 (top): NIX/NASA, (bottom): Xinhua/AP Photo; 167: JAXA/NHK, Japan; 168: JAXA/NHK, Japan; 169: NASA; 170: MSFC/NASA; 171: NASA; 172-173: NASA; 173 (top): Chinese Academy of Sciences/NAOC/Science and Application Center for Moon and Deepspace Exploration, (bottom): SpaceX

Every effort has been made to acknowledge correctly and contact the source and/or copyright holder of each picture and Carlton Publishing Group apologises for any unintentional errors or omissions that will be corrected in future editions of this book.

Publishing credits
Editorial Manager: Anna Darke
Project Editor: Victoria Marshallsay
Design Manager: Russell Knowles
Design: Emma Wicks
Production Controller: Emily Noto

登月使命：
AR实境体验人类首次登月全过程

〔美〕罗德·派尔 著

马晓耘 张琴 译

Missions to the Moon

by Rod Pyle

图书在版编目（CIP）数据

登月使命：AR 实境体验人类首次登月全过程 /（美）
罗德·派尔著；马晓耘，张琴译 . – 北京：北京联合
出版公司 , 2019.7
ISBN 978-7-5596-3225-8

Ⅰ . ①登… Ⅱ . ①罗… ②马… ③张… Ⅲ . ①航天 —
普及读物 Ⅳ . ① V4-49

中国版本图书馆 CIP 数据核字 (2019) 第 087366 号

北京市版权局著作权合同登记号 图字:01-2019-3348 号

| 选题策划 | 联合天际 |
| 责任编辑 | 龚 将　夏应鹏 |
| 特约编辑 | 张 憬 |
| 美术编辑 | 王颖会 |
| 封面设计 | @ 吾然设计工作室 |
| 字幕翻译 | 张 憬　郭 珂 |

| 出　　版 | 北京联合出版公司 |
| | 北京市西城区德外大街 83 号楼 9 层　100088 |
| 发　　行 | 北京联合天畅文化传播公司 |
| 印　　刷 | 鑫艺佳利（天津）印刷有限公司 |
| 经　　销 | 新华书店 |
| 字　　数 | 120 千字 |
| 开　　本 | 889 毫米 × 1194 毫米 1/12　15 印张 |
| 版　　次 | 2019 年 7 月第 1 版　2019 年 7 月第 1 次印刷 |
| I S B N | 978-7-5596-3225-8 |
| 定　　价 | 199.00 元 |

UnRead
—
探索家

关注未读好书

未读 CLUB
会员服务平台